行列・行列式・ベクトルが

きちんと学べる

線形代数

LINEAR ALGEBRA

Matrix
Determinant
Vector

Oshikawa Motoshige
押川元重

日本評論社

●はじめに

私たちはたまに、「はっ」とすることがあります。それは予想もしないことが起こったときと、知識や理解のつながりに気付いたときではないでしょうか。世の中のものごとは網の目のように関連し合っています。そうした関連に気付いたときは、嬉しささえ覚えるものです。教育とは、学校で習ったすべてのことを忘れてしまった後に、自分の中に残るものをいう。これは相対性理論をつくりだしたアルベルト・アインシュタインの言葉です。では、どのようなものが残るのでしょうか。繰り返し利用し、触れるものは忘れないでしょう。繰り返すことによってできる慣れは、数学学習を円滑にするための大きな要因でもあります。関連に気付いたことも、忘れず残るのではないでしょうか。世の中の網の目のようなつながりを、できるだけ脳神経の網の目に写し取ることによって、残るものができるのではないでしょうか。では、自分の中に残るものは、どのように活きてくるのでしょう。それは、世の中の多様性とも関わって、偶然と思えるような形で活きてくることもあるでしょう。しかし、残るものがなければ、活かされようもありません。また、自分の中に残ったものが、目に見える形で活かされないとしても、世の中の多様なつながりに感動する心が、前向きに生きる自信につながるのではないでしょうか。

数学は人の思考と学問の進展を支えます。したがって、できるだけわかりやすく学習できることが大切です。さらに、時間経過の中で大まかであっても記憶に残るものがあることが望ましいと言えます。そこで、本テキストにおいては、できるだけさまざまな関連に気を配るように努めました。とは言っても、すべての関連を並べると混乱をもたらし、関心さえも薄らぎかねません。ベクトルや行列は、物理学にとって重要な概念です。しかし、今では、人工知能に関わるものを含めたデータ解析との関連が大きくなっています。そこでは、高次元や多変量を考えることがますます大切になってきています。高次元や多変量を考えるためには論理的な思考が必要です。論理的な思考には、それ自身の訓練が求められます。だからこそ、2 次元や 3 次元の図形的な思考とのつながりを軽視しないほうがよいという考えにもとづいて、本テキストはつくられています。

本テキストの特徴の 1 つは行列式を正面から利用していることです。行列式によって、連立 1 次方程式や行列やベクトルの性質を明確にしかも容易に示すことができるからです。3.2 節に一般の行列式の定義と性質の証明を示しています。その証明をきちんと理解するためには記号への慣れが必要です。しかし、高次の行列式の性質は 2 次や 3 次の行列式の性質と基本的に同じですので、高次の行列式についても厳密な整合性の保証があることを信じて、証明のきちんとした理解は後回しにしてもよいのではないでしょうか。円滑な学習のためには、そのような柔軟な方法も考えられます。

本テキストは、放送大学福岡学習センターにおける 10 年間に及ぶ数学勉強会で話したことがもとになっています。そこにおけるさまざまな議論を参考にさせていただきました。そうした場をつくっていただきました勉強会参加者の皆さんに感謝いたします。また、本テキストをまとめるにあたり貴重なご意見をいただいた仲田均慶應義塾大学名誉教授と日本評論社の大賀雅美さんに感謝いたします。

2019 年 12 月
著者記す

目 次

第1章

LINEAR Matrix Determinant Vector ALGEBRA

2次の行列式、2×2行列、2次元数ベクトル

1.1　2 次の行列式と連立 1 次方程式

4 つの数、あるいは文字式を正方形状に並べて両側から縦棒で囲んだもの、例えば、

$$\begin{vmatrix} 5 & -2 \\ 3 & -1 \end{vmatrix}, \qquad \begin{vmatrix} 1.2 & 1.3 \\ 2.2 & 2.3 \end{vmatrix}, \qquad \begin{vmatrix} a & b \\ c & d \end{vmatrix}$$

などを 2 次の**行列式**といいます。2 次の行列式にはそれぞれ**値**と呼ばれるものがあり、次のように計算します。

$$\begin{vmatrix} 5 & -2 \\ 3 & -1 \end{vmatrix} = 5 \times (-1) - (-2) \times 3 = -5 + 6 = 1,$$

$$\begin{vmatrix} 1.2 & 1.3 \\ 2.2 & 2.3 \end{vmatrix} = 1.2 \times 2.3 - 1.3 \times 2.2 = 2.76 - 2.86 = -0.1,$$

$$\begin{vmatrix} a & b \\ c & d \end{vmatrix} = ad - bc.$$

2 次の行列式を用いると、連立 1 次方程式の解を容易に求めることができます。

例　連立 1 次方程式 $\begin{cases} 5x - 2y = \boxed{4} \\ 3x - \ \ y = \boxed{3} \end{cases}$ の解は、

$$x = \frac{\begin{vmatrix} \boxed{4} & -2 \\ \boxed{3} & -1 \end{vmatrix}}{\begin{vmatrix} 5 & -2 \\ 3 & -1 \end{vmatrix}} = \frac{4 \times (-1) - (-2) \times 3}{5 \times (-1) - (-2) \times 3} = \frac{2}{1} = 2,$$

$$y = \frac{\begin{vmatrix} 5 & \boxed{4} \\ 3 & \boxed{3} \end{vmatrix}}{\begin{vmatrix} 5 & -2 \\ 3 & -1 \end{vmatrix}} = \frac{5 \times 3 - 4 \times 3}{5 \times (-1) - (-2) \times 3} = \frac{3}{1} = 3$$

と求めることができます。

例　係数が小数の連立 1 次方程式 $\begin{cases} 1.2x + 1.3y = \boxed{1} \\ 2.2x + 2.3y = \boxed{2} \end{cases}$ の解も、

$$x = \frac{\begin{vmatrix} \boxed{1} & 1.3 \\ \boxed{2} & 2.3 \end{vmatrix}}{\begin{vmatrix} 1.2 & 1.3 \\ 2.2 & 2.3 \end{vmatrix}} = \frac{1 \times 2.3 - 1.3 \times 2}{1.2 \times 2.3 - 1.3 \times 2.2} = \frac{-0.3}{-0.1} = 3,$$

$$y = \frac{\begin{vmatrix} 1.2 & \boxed{1} \\ 2.2 & \boxed{2} \end{vmatrix}}{\begin{vmatrix} 1.2 & 1.3 \\ 2.2 & 2.3 \end{vmatrix}} = \frac{1.2 \times 2 - 1 \times 2.2}{1.2 \times 2.3 - 1.3 \times 2.2} = \frac{0.2}{-0.1} = -2$$

と求めることができます。

この方法で解が求まることは、係数を文字にした連立 1 次方程式

$$\begin{cases} ax + by = \boxed{p} \\ cx + dy = \boxed{q} \end{cases}$$

について、

$$x = \frac{\begin{vmatrix} p & b \\ q & d \end{vmatrix}}{\begin{vmatrix} a & b \\ c & d \end{vmatrix}} = \frac{pd - bq}{ad - bc}, \qquad y = \frac{\begin{vmatrix} a & p \\ c & q \end{vmatrix}}{\begin{vmatrix} a & b \\ c & d \end{vmatrix}} = \frac{aq - pc}{ad - bc}$$

となります。したがって、

$$\begin{aligned} ax + by &= a \times \frac{pd - bq}{ad - bc} + b \times \frac{aq - pc}{ad - bc} = \frac{apd - abq + baq - bpc}{ad - bc} \\ &= \frac{p(ad - bc)}{ad - bc} = p, \\ cx + dy &= c \times \frac{pd - bq}{ad - bc} + d \times \frac{aq - pc}{ad - bc} = \frac{cpd - cbq + daq - dpc}{ad - bc} \\ &= \frac{q(ad - bc)}{ad - bc} = q \end{aligned}$$

がなりたっているからです。ただし、分母の行列式 $\begin{vmatrix} a & b \\ c & d \end{vmatrix}$ の値が 0 でない場合です。この値が 0 になるのは、後で説明しますが、解がない場合や、解がたくさんある場合です。

問題 1.1　2 次の行列式を用いて、次の連立 1 次方程式の解を求めてください。

(1) $\begin{cases} 3x + 5y = -4 \\ 2x + 4y = -2 \end{cases}$　　(2) $\begin{cases} 2.3x - 3.3y = 1 \\ 1.6x + 6.4y = -8 \end{cases}$

1.2　2×1 行列と 2×2 行列

数、あるいは文字式をいくつかの行といくつかの列からなる長方形状に並べて両側から括弧で挟んだものを**行列**といいます。4 つの数、または文字式を 2 行 2 列に並べて両側を括弧で挟んだ、例えば、

$$\begin{pmatrix} 2 & -4 \\ -6 & 5 \end{pmatrix}, \qquad \begin{pmatrix} a & b \\ c & d \end{pmatrix}$$

などを 2 × 2 行列といいます。2 つの数、あるいは文字式を縦に並べて両側を括弧で挟んだ、例えば、

$$\begin{pmatrix} 3 \\ -1 \end{pmatrix}, \qquad \begin{pmatrix} x \\ y \end{pmatrix}$$

などを 2 × 1 行列といいます。行列の中の数や文字式を**行列の成分**といいます。成分がすべて実数である行列を**実行列**といいます (本書では、第 8 章を除いて、すべて実行列を扱います)。行列は、前に学んだ行列式と名称は似ていますが別物です。行列式は行の個数と列の個数が同じですが、行列は異なってもかまいません。行列式には値がありますが、行列には値がありません。

2 × 2 行列と 2 × 1 行列との**行列の積**を考えることができます。それは次によって計算される 2 × 1 行列です。

$$\begin{pmatrix} a & b \\ c & d \end{pmatrix}\begin{pmatrix} x \\ y \end{pmatrix} = \begin{pmatrix} ax+by \\ cx+dy \end{pmatrix},$$

$$\begin{pmatrix} 2 & -4 \\ -6 & 5 \end{pmatrix}\begin{pmatrix} 3 \\ -1 \end{pmatrix} = \begin{pmatrix} 2\times 3+(-4)\times(-1) \\ -6\times 3+5\times(-1) \end{pmatrix} = \begin{pmatrix} 10 \\ -23 \end{pmatrix}.$$

2 × 2 行列と 2 × 2 行列との**行列の積**を考えることができます。それは次によって計算される 2 × 2 行列です。

$$\begin{pmatrix} a & b \\ c & d \end{pmatrix}\begin{pmatrix} p & q \\ r & s \end{pmatrix} = \begin{pmatrix} ap+br & aq+bs \\ cp+dr & cq+ds \end{pmatrix},$$

$$\begin{pmatrix} 2 & -4 \\ -6 & 5 \end{pmatrix}\begin{pmatrix} 3 & 2 \\ -1 & 3 \end{pmatrix}$$

$$= \begin{pmatrix} 2\times 3+(-4)\times(-1) & 2\times 2+(-4)\times 3 \\ -6\times 3+5\times(-1) & -6\times 2+5\times 3 \end{pmatrix} = \begin{pmatrix} 10 & -8 \\ -23 & 3 \end{pmatrix}.$$

つまり、積の $(1,1)$ 成分は第 1 行と第 1 列の成分の積の和として、積の $(1,2)$ 成分は第 1 行と第 2 列の成分の積の和として、積の $(2,1)$ 成分は第 2 行と第 1 列の成分の積の和として、積の $(2,2)$ 成分は第 2 行と第 2 列の成分の積の

和として、計算します。

同様に、2×1 行列と 1×2 行列の積は 2×2 行列になり、1×2 行列と 2×1 行列の積は 1×1 行列になります。

$$\begin{pmatrix} a \\ b \end{pmatrix} \begin{pmatrix} x & y \end{pmatrix} = \begin{pmatrix} ax & ay \\ bx & by \end{pmatrix}, \qquad \begin{pmatrix} a & b \end{pmatrix} \begin{pmatrix} x \\ y \end{pmatrix} = \begin{pmatrix} ax + by \end{pmatrix}.$$

しかし、2×2 行列と 1×2 行列の積、2×1 行列と 2×1 行列の積、などは考えません。つまり、行列 A と行列 B の積 AB を考えることができるのは、A の列の個数と B の行の個数が一致するときだけです。

$$\begin{pmatrix} a & b \\ c & d \end{pmatrix} \begin{pmatrix} x & y \end{pmatrix}, \quad \begin{pmatrix} a \\ b \end{pmatrix} \begin{pmatrix} x \\ y \end{pmatrix} : \text{考えない。}$$

行列の積については注意すべきことがあります。

例　2 つの 2×2 行列を $A = \begin{pmatrix} 0 & 1 \\ -1 & 0 \end{pmatrix}$, $B = \begin{pmatrix} 0 & 1 \\ 1 & 0 \end{pmatrix}$ と置くと、

$$AB = \begin{pmatrix} 0 & 1 \\ -1 & 0 \end{pmatrix} \begin{pmatrix} 0 & 1 \\ 1 & 0 \end{pmatrix} = \begin{pmatrix} 1 & 0 \\ 0 & -1 \end{pmatrix},$$

$$BA = \begin{pmatrix} 0 & 1 \\ 1 & 0 \end{pmatrix} \begin{pmatrix} 0 & 1 \\ -1 & 0 \end{pmatrix} = \begin{pmatrix} -1 & 0 \\ 0 & 1 \end{pmatrix}$$

となり、AB と BA は一致しません。つまり、行列の積については、数の積の場合のような $AB = BA$ が必ずしもなりたちません。これは歩くとき、まず右を向いて 5 歩進み、次に左を向いて 5 歩進んだ場合と、まず左を向いて 5 歩進み、次に右を向いて 5 歩進んだ場合とでは進んだ先が異なるのと似て、どちらが先かの順序によって異なるのです。

2×2 行列 $\begin{pmatrix} 1 & 0 \\ 0 & 1 \end{pmatrix}$ を 2×2 **単位行列**といいます。単位行列については、

$$\begin{pmatrix} 1 & 0 \\ 0 & 1 \end{pmatrix}\begin{pmatrix} a & b \\ c & d \end{pmatrix} = \begin{pmatrix} a & b \\ c & d \end{pmatrix}, \quad \begin{pmatrix} a & b \\ c & d \end{pmatrix}\begin{pmatrix} 1 & 0 \\ 0 & 1 \end{pmatrix} = \begin{pmatrix} a & b \\ c & d \end{pmatrix}$$

となり、どちら側からかけても変わりません。

行の個数と列の個数が等しい行列の間では、**行列の和**を、

$$\begin{pmatrix} a_1 & b_1 \\ c_1 & d_1 \end{pmatrix} + \begin{pmatrix} a_2 & b_2 \\ c_2 & d_2 \end{pmatrix} = \begin{pmatrix} a_1 + a_2 & b_1 + b_2 \\ c_1 + c_2 & d_1 + d_2 \end{pmatrix},$$

$$\begin{pmatrix} a_1 \\ b_1 \end{pmatrix} + \begin{pmatrix} a_2 \\ b_2 \end{pmatrix} = \begin{pmatrix} a_1 + a_2 \\ b_1 + b_2 \end{pmatrix}$$

のように、対応する成分をそれぞれ加えた行列として考えます。また、**行列の定数 k 倍**を、

$$k\begin{pmatrix} a_1 & b_1 \\ c_1 & d_1 \end{pmatrix} = \begin{pmatrix} ka_1 & kb_1 \\ kc_1 & kd_1 \end{pmatrix}, \qquad k\begin{pmatrix} a_1 \\ b_1 \end{pmatrix} = \begin{pmatrix} ka_1 \\ kb_1 \end{pmatrix}$$

のように、それぞれの成分を k 倍した行列として考えます。

行列 A の行と列をすべて入れ替えた行列を A の**転置行列**といい、行列 A の転置行列を記号 A^t で表します。例えば、2×2 行列 $\begin{pmatrix} a & b \\ c & d \end{pmatrix}$ の転置行列は

$$\begin{pmatrix} a & b \\ c & d \end{pmatrix}^t = \begin{pmatrix} a & c \\ b & d \end{pmatrix}$$

と 2×2 行列ですし、2×3 行列 $\begin{pmatrix} 3 & 2 & 1 \\ 4 & 5 & 6 \end{pmatrix}$ の転置行列は

$$\begin{pmatrix} 3 & 2 & 1 \\ 4 & 5 & 6 \end{pmatrix}^t = \begin{pmatrix} 3 & 4 \\ 2 & 5 \\ 1 & 6 \end{pmatrix}$$

と 3×2 行列です。転置行列については次の性質があります。

転置行列の性質

$$(AB)^t = B^t A^t$$

証明　$A = \begin{pmatrix} a & b \\ c & d \end{pmatrix}$, $B = \begin{pmatrix} x & y \\ z & w \end{pmatrix}$ とします。

$$AB = \begin{pmatrix} a & b \\ c & d \end{pmatrix}\begin{pmatrix} x & y \\ z & w \end{pmatrix} = \begin{pmatrix} ax+bz & ay+bw \\ cx+dz & cy+dw \end{pmatrix},$$

$$B^t A^t = \begin{pmatrix} x & z \\ y & w \end{pmatrix}\begin{pmatrix} a & c \\ b & d \end{pmatrix} = \begin{pmatrix} xa+zb & xc+zd \\ ya+wb & yc+wd \end{pmatrix}$$

ですから、$(AB)^t = \begin{pmatrix} ax+bz & cx+dz \\ ay+bw & cy+dw \end{pmatrix} = B^t A^t$ がなりたっています。この関係式は積 AB を計算できるときはいつもなりたちます。 ■

2×2 行列のような行の個数と列の個数が等しい行列を**正方行列**といいます。2×2 正方行列 A の成分をそのままにしてできる 2 次の行列式を記号 $|A|$ で表すことにしますと、次がなりたちます。

正方行列の積の行列式の性質

2 つの 2×2 行列 A, B について、$|AB| = |A| \times |B|$ がなりたつ。

証明　$A = \begin{pmatrix} a & b \\ c & d \end{pmatrix}$, $B = \begin{pmatrix} x & y \\ z & w \end{pmatrix}$ とすると、

$$AB = \begin{pmatrix} a & b \\ c & d \end{pmatrix}\begin{pmatrix} x & y \\ z & w \end{pmatrix} = \begin{pmatrix} ax+bz & ay+bw \\ cx+dz & cy+dw \end{pmatrix}$$

となりますから、

$$\begin{aligned} |AB| &= (ax+bz)(cy+dw) - (ay+bw)(cx+dz) \\ &= acxy + adxw + bczy + bdzw - (acyx + adyz + bcwx + bdwz) \\ &= ad(xw-yz) + bc(zy-wx) = (ad-bc)(xw-yz) = |A| \times |B| \end{aligned}$$

がなりたっています。 ■

1.3　逆行列と逆行列を用いた連立 1 次方程式の解法

2×2 行列 A に対して、$BA = \begin{pmatrix} 1 & 0 \\ 0 & 1 \end{pmatrix}$ をみたす 2×2 行列 B を A の**逆行列**といいます。A の逆行列を記号 A^{-1} で表します。

例　$\begin{pmatrix} 2 & -\dfrac{1}{2} \\ -1 & \dfrac{1}{2} \end{pmatrix} \begin{pmatrix} 1 & 1 \\ 2 & 4 \end{pmatrix} = \begin{pmatrix} 1 & 0 \\ 0 & 1 \end{pmatrix}$ がなりたちますから、$\begin{pmatrix} 2 & -\dfrac{1}{2} \\ -1 & \dfrac{1}{2} \end{pmatrix}$ は $\begin{pmatrix} 1 & 1 \\ 2 & 4 \end{pmatrix}$ の逆行列です。すなわち、

$$\begin{pmatrix} 1 & 1 \\ 2 & 4 \end{pmatrix}^{-1} = \begin{pmatrix} 2 & -\dfrac{1}{2} \\ -1 & \dfrac{1}{2} \end{pmatrix}$$

がなりたちます。

連立 1 次方程式

$$\begin{cases} x + y = 9 \\ 2x + 4y = 22 \end{cases}$$

は係数を並べて行列をつくることにより、

$$\begin{pmatrix} 1 & 1 \\ 2 & 4 \end{pmatrix} \begin{pmatrix} x \\ y \end{pmatrix} = \begin{pmatrix} 9 \\ 22 \end{pmatrix}$$

と行列の積を用いて表せます。複数の等式でできた連立 1 次方程式が、行列を用いることによって 1 つの等式で表せるわけです。さらに、この 2×2 行列 $\begin{pmatrix} 1 & 1 \\ 2 & 4 \end{pmatrix}$ の逆行列 $\begin{pmatrix} 2 & -\dfrac{1}{2} \\ -1 & \dfrac{1}{2} \end{pmatrix}$ を両辺の左からかけると、

$$\begin{pmatrix} 2 & -\dfrac{1}{2} \\ -1 & \dfrac{1}{2} \end{pmatrix}\begin{pmatrix} 1 & 1 \\ 2 & 4 \end{pmatrix}\begin{pmatrix} x \\ y \end{pmatrix} = \begin{pmatrix} 2 & -\dfrac{1}{2} \\ -1 & \dfrac{1}{2} \end{pmatrix}\begin{pmatrix} 9 \\ 22 \end{pmatrix}.$$

両辺を計算すると、

$$\begin{pmatrix} 1 & 0 \\ 0 & 1 \end{pmatrix}\begin{pmatrix} x \\ y \end{pmatrix} = \begin{pmatrix} 7 \\ 2 \end{pmatrix}.$$

さらに、左辺を計算すると、$\begin{pmatrix} x \\ y \end{pmatrix} = \begin{pmatrix} 7 \\ 2 \end{pmatrix}$ となり、解が出ました。このように、連立 1 次方程式を行列を用いて表し、逆行列を用いて解くことができました。

2×2 行列 $\begin{pmatrix} a_1 & b_1 \\ a_2 & b_2 \end{pmatrix}$ が $a_1b_2 - b_1a_2 \neq 0$ をみたすとき、逆行列は

$$\begin{pmatrix} a_1 & b_1 \\ a_2 & b_2 \end{pmatrix}^{-1} = \frac{1}{a_1b_2 - b_1a_2}\begin{pmatrix} b_2 & -b_1 \\ -a_2 & a_1 \end{pmatrix}$$

によって求めることができます。この行列が逆行列になるのは、

$$\begin{aligned} &\frac{1}{a_1b_2 - b_1a_2}\begin{pmatrix} b_2 & -b_1 \\ -a_2 & a_1 \end{pmatrix}\begin{pmatrix} a_1 & b_1 \\ a_2 & b_2 \end{pmatrix} \\ &\quad = \frac{1}{a_1b_2 - b_1a_2}\begin{pmatrix} a_1b_2 - b_1a_2 & 0 \\ 0 & a_1b_2 - b_1a_2 \end{pmatrix} = \begin{pmatrix} 1 & 0 \\ 0 & 1 \end{pmatrix} \end{aligned}$$

がなりたつからです。

例　2×2 行列 $\begin{pmatrix} 1 & -1 \\ 2 & -4 \end{pmatrix}$ の逆行列 $\begin{pmatrix} 1 & -1 \\ 2 & -4 \end{pmatrix}^{-1}$ を求めます。

$$\begin{pmatrix} 1 & -1 \\ 2 & -4 \end{pmatrix}^{-1} = \frac{1}{1 \times (-4) - (-1) \times 2}\begin{pmatrix} -4 & 1 \\ -2 & 1 \end{pmatrix}$$

$$= \frac{1}{-2}\begin{pmatrix} -4 & 1 \\ -2 & 1 \end{pmatrix} = \begin{pmatrix} 2 & -\frac{1}{2} \\ 1 & -\frac{1}{2} \end{pmatrix}$$

となります。

問題 1.2　(1)　2×2 行列 $\begin{pmatrix} 5 & -2 \\ -3 & 1 \end{pmatrix}$ の逆行列を求めてください。

(2) 連立 1 次方程式 $\begin{cases} 2x + 2y = 1 \\ 2x + 3y = 2 \end{cases}$ の変数項の係数からできる 2×2 行列の逆行列を求め、それを用いてこの連立 1 次方程式を解いてください。

上で与えた 2×2 行列の逆行列を求める式はこのままでは覚えにくいものですが、行列式を用いると、

$$\begin{pmatrix} a_1 & b_1 \\ a_2 & b_2 \end{pmatrix}^{-1} = \frac{1}{\begin{vmatrix} a_1 & b_1 \\ a_2 & b_2 \end{vmatrix}} \begin{pmatrix} \begin{vmatrix} 1 & 0 \\ 0 & b_2 \end{vmatrix} & \begin{vmatrix} 0 & 1 \\ a_2 & 0 \end{vmatrix} \\ \begin{vmatrix} 0 & b_1 \\ 1 & 0 \end{vmatrix} & \begin{vmatrix} a_1 & 0 \\ 0 & 1 \end{vmatrix} \end{pmatrix}^t$$

$$= \frac{1}{a_1 b_2 - b_1 a_2}\begin{pmatrix} b_2 & -b_1 \\ -a_2 & a_1 \end{pmatrix}$$

となります。ここでも記号 t は転置を意味します。

1.4　2 次元数ベクトルと矢線ベクトル

2×1 実行列を 2 **次元数ベクトル**といいます。2 次元数ベクトルの**和**と 2 次元数ベクトルの**定数倍**とを考えます。それらは、2×1 行列としての和と定数倍のことです。つまり、

$$\begin{pmatrix} a_1 \\ a_2 \end{pmatrix} + \begin{pmatrix} b_1 \\ b_2 \end{pmatrix} = \begin{pmatrix} a_1 + b_1 \\ a_2 + b_2 \end{pmatrix},$$

$$c \times \begin{pmatrix} a_1 \\ a_2 \end{pmatrix} = \begin{pmatrix} ca_1 \\ ca_2 \end{pmatrix}$$

となります。

座標平面の点 $\mathrm{P} = (a_1, a_2)$ から点 $\mathrm{Q} = (b_1, b_2)$ へ引いた矢印を、**始点**を P とし、**終点**を Q とする**矢線ベクトル** といい、記号 $\overrightarrow{\mathrm{PQ}}$ で表します (図 1.1)。また、この矢線ベクトルから定まる 2 次元数ベクトル $\begin{pmatrix} b_1 - a_1 \\ b_2 - a_2 \end{pmatrix}$ を $\overrightarrow{\mathrm{PQ}}$ の**成分**といい、2 点 P, Q 間の長さ $\overline{\mathrm{PQ}} = \sqrt{(b_1 - a_1)^2 + (b_2 - a_2)^2}$ を $\overrightarrow{\mathrm{PQ}}$ の**大きさ**といいます。2 つの矢線ベクトルは成分が等しいとき同じであるとみなします。これは、長さと方向が等しい矢線ベクトル、つまり、平行移動すると重なる矢線ベクトルは同じであるとみなすということです。分数 $\dfrac{1}{2}$ と分数 $\dfrac{2}{4}$ は、見かけは違っても同じ数であるように、置かれた位置は違っても長さと方向が等しければ矢線ベクトルとしては同じとするわけです。

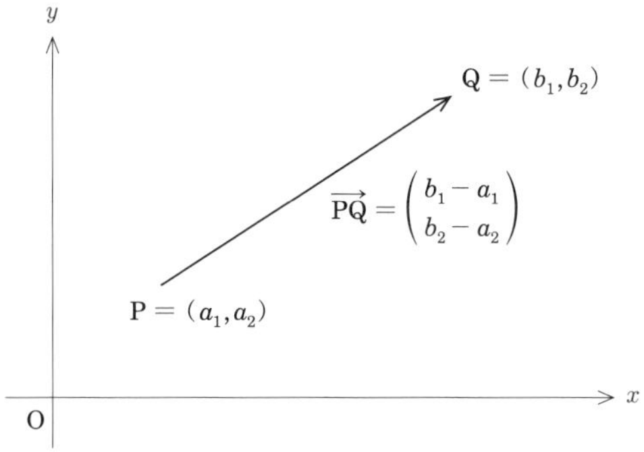

図 1.1　座標平面の矢線ベクトル

矢線ベクトル $\overrightarrow{\mathrm{PQ}}$ と矢線ベクトル $\overrightarrow{\mathrm{ST}}$ との**和** $\overrightarrow{\mathrm{PQ}} + \overrightarrow{\mathrm{ST}}$ とは、$\overrightarrow{\mathrm{PQ}}$ の成分と $\overrightarrow{\mathrm{ST}}$ の成分の和を成分とする矢線ベクトルのことです。これは矢線ベクトル $\overrightarrow{\mathrm{ST}}$ を始点が Q になるように平行移動させたときの終点を R とするとき、矢線ベ

クトル $\overrightarrow{\mathrm{PR}}$ になります (図 1.2)。つまり、$\overrightarrow{\mathrm{PQ}} + \overrightarrow{\mathrm{ST}} = \overrightarrow{\mathrm{PR}}$ です。また、矢線ベクトル $\overrightarrow{\mathrm{PQ}}$ の c 倍 $c\overrightarrow{\mathrm{PQ}}$ は、矢線ベクトル $\overrightarrow{\mathrm{PQ}}$ の成分の c 倍を成分とする矢線ベクトルのことです。これは矢線ベクトル $\overrightarrow{\mathrm{PQ}}$ と向きは同じ (ただし、c が負のときは逆向き) で長さを $|c|$ 倍した矢線ベクトルになります (図 1.3)。

矢線ベクトルは力学において物体の点にかかる力を議論するときに用いられます。そこでは矢線ベクトルの和は合成された力を表します。

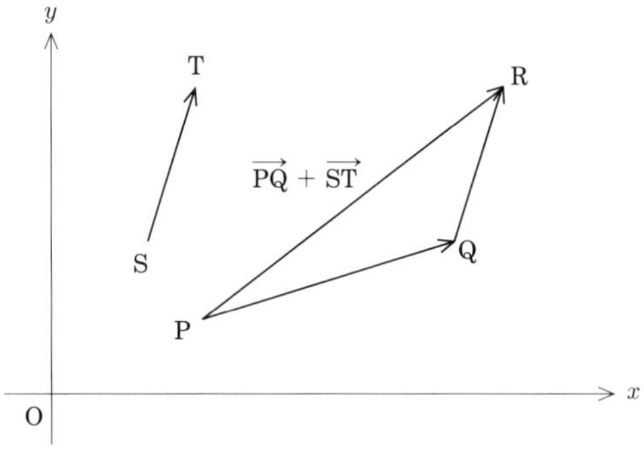

図 1.2　矢線ベクトルの和

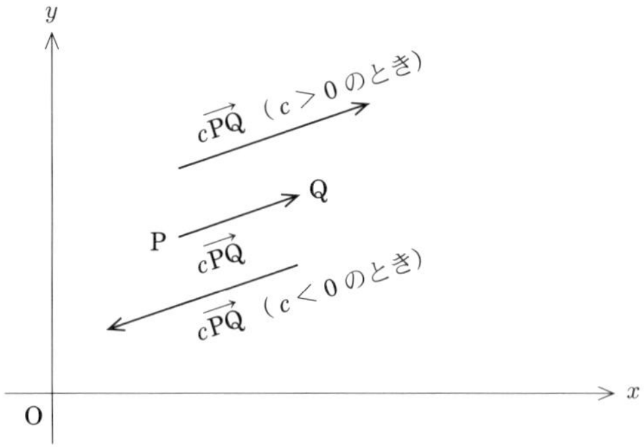

図 1.3　矢線ベクトルの定数倍

1.5 位置ベクトル

始点を原点にとった矢線ベクトルを**位置ベクトル**といいます。位置ベクトル $\overrightarrow{\mathrm{OP}}$ の成分が $\begin{pmatrix} x \\ y \end{pmatrix}$ であれば、P の座標は $\mathrm{P} = (x, y)$ となりますので、位置ベクトルは位置を表すからです (図 1.4)。

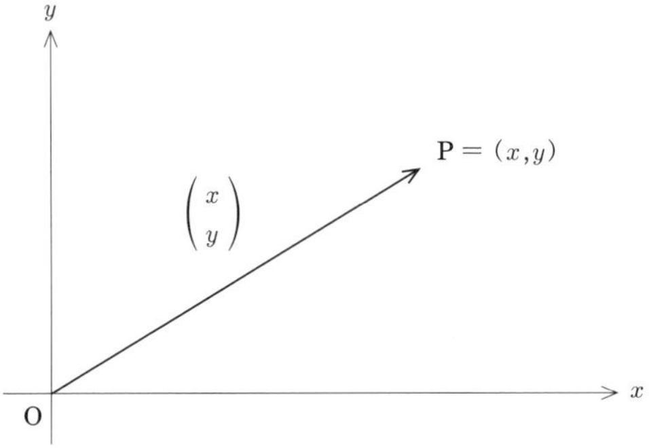

図 1.4 座標平面の位置ベクトル

座標平面の平行四辺形の面積を考えます (次ページ図 1.5)。

座標平面の平行四辺形の面積

座標平面の原点 $\mathrm{O} = (0, 0)$ とは異なる 2 つの点を $\mathrm{P} = (a_1, a_2)$, $\mathrm{Q} = (b_1, b_2)$ とすると、$\overrightarrow{\mathrm{OP}}$ と $\overrightarrow{\mathrm{OQ}}$ を 2 辺とする平行四辺形の面積は 2 次の行列式 $\begin{vmatrix} a_1 & b_1 \\ a_2 & b_2 \end{vmatrix}$ の値の絶対値になる。

証明 点 Q から線分 OP に下ろした垂線の足を R とすると、$\mathrm{R} = (ta_1, ta_2)$ と表すことができます。ピタゴラスの定理 $\overline{\mathrm{OR}}^2 + \overline{\mathrm{RQ}}^2 = \overline{\mathrm{OQ}}^2$ より、

$$(ta_1)^2 + (ta_2)^2 + (ta_1 - b_1)^2 + (ta_2 - b_2)^2 = b_1^2 + b_2^2$$

がなりたちます。これより $t^2(a_1^2 + a_2^2) - t(a_1 b_1 + a_2 b_2) = 0$ となり、$t \neq 0$ と考えてよいので ($t = 0$ のときは $\mathrm{R} = \mathrm{O}$ のときだから)、$t = \dfrac{a_1 b_1 + a_2 b_2}{a_1^2 + a_2^2}$ を

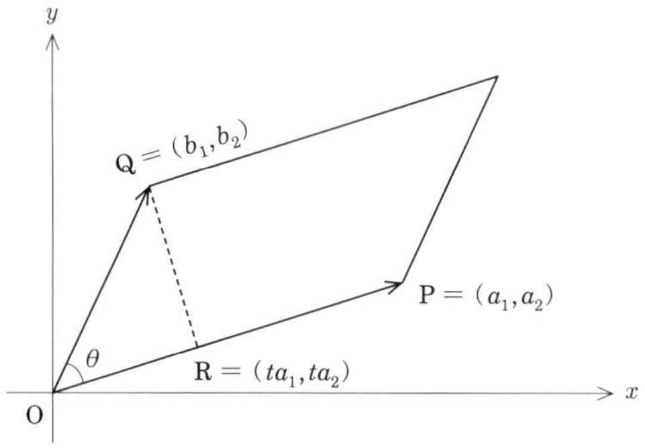

図 **1.5** 座標平面の平行四辺形

得ます。このとき、

$$\begin{aligned}\overline{\mathrm{QR}}^2 &= (ta_1 - b_1)^2 + (ta_2 - b_2)^2 \\ &= t^2(a_1^2 + a_2^2) - 2t(a_1 b_1 + a_2 b_2) + b_1^2 + b_2^2 \\ &= \frac{(a_1 b_1 + a_2 b_2)^2}{a_1^2 + a_2^2} - \frac{2(a_1 b_1 + a_2 b_2)^2}{a_1^2 + a_2^2} + (b_1^2 + b_2^2) \\ &= \frac{a_1^2 b_2^2 + a_2^2 b_1^2 - 2a_1 a_2 b_1 b_2}{a_1^2 + a_2^2} = \frac{(a_1 b_2 - a_2 b_1)^2}{a_1^2 + a_2^2} \\ \overline{\mathrm{OR}}^2 &= t^2(a_1^2 + a_2^2) = \frac{(a_1 b_1 + a_2 b_2)^2}{a_1^2 + a_2^2}\end{aligned}$$

となります。したがって、$\overrightarrow{\mathrm{OP}}$ と $\overrightarrow{\mathrm{OQ}}$ を 2 辺とする平行四辺形の面積は

$$\overline{\mathrm{OP}} \times \overline{\mathrm{QR}} = \sqrt{a_1^2 + a_2^2} \times \frac{|a_1 b_2 - a_2 b_1|}{\sqrt{a_1^2 + a_2^2}} = |a_1 b_2 - a_2 b_1|$$

すなわち、2 次の行列式 $\begin{vmatrix} a_1 & b_1 \\ a_2 & b_2 \end{vmatrix}$ の値の絶対値に一致します。 ■

2 つの矢線ベクトル $\overrightarrow{\mathrm{OP}}$ と $\overrightarrow{\mathrm{OQ}}$ がなす角を θ とすると (図 1.5)、

$$|\cos\theta| = \frac{\overline{\mathrm{OR}}}{\overline{\mathrm{OQ}}} = \frac{|a_1 b_1 + a_2 b_2|}{\sqrt{a_1^2 + a_2^2}\sqrt{b_1^2 + b_2^2}}$$

ですから、$\overrightarrow{\mathrm{OP}}$ と $\overrightarrow{\mathrm{OQ}}$ が $\overrightarrow{\mathrm{OP}}$ と $\overrightarrow{\mathrm{OQ}}$ が**直角に交わる**のは $\cos\theta = 0$ のとき、すなわち、$a_1b_1 + a_2b_2 = 0$ のときです。

2×2 実行列 $\begin{pmatrix} a & c \\ b & d \end{pmatrix}$ によって、$\begin{pmatrix} a & c \\ b & d \end{pmatrix}\begin{pmatrix} x \\ y \end{pmatrix} = \begin{pmatrix} ax + cy \\ bx + dy \end{pmatrix}$ となりますから、これを位置ベクトル $\begin{pmatrix} x \\ y \end{pmatrix}$ を位置ベクトル $\begin{pmatrix} ax + cy \\ bx + dy \end{pmatrix}$ に写したと考えると、座標平面上の点 (x, y) を座標平面上の点 $(ax + cy, bx + dy)$ に写すことになります。このように 2×2 実行列は、座標平面上の点を座標平面上の点へ写す写像を与えると考えることができます。

2×2 実行列 $\begin{pmatrix} a & c \\ b & d \end{pmatrix}$ によって、

$$\begin{pmatrix} a & c \\ b & d \end{pmatrix}\begin{pmatrix} 1 \\ 0 \end{pmatrix} = \begin{pmatrix} a \\ b \end{pmatrix}, \qquad \begin{pmatrix} a & c \\ b & d \end{pmatrix}\begin{pmatrix} 0 \\ 1 \end{pmatrix} = \begin{pmatrix} c \\ d \end{pmatrix}$$

となりますから、座標平面上の点 $(1, 0)$ を座標平面上の点 $\mathrm{P} = (a, b)$ に写し、座標平面上の点 $(0, 1)$ を座標平面上の点 $\mathrm{Q} = (c, d)$ に写します。すなわち、面積 1 の正方形を面積 $|ac - bd|$ の平行四辺形に写します (図 1.6)。つまり、行列 $\begin{pmatrix} a & c \\ b & d \end{pmatrix}$ によって、図形の面積を行列式 $\begin{vmatrix} a & c \\ b & d \end{vmatrix}$ の値の絶対値倍にした図形に写すということです。このとき、$\overrightarrow{\mathrm{OP}}$ を原点 O を軸に回転させて $\overrightarrow{\mathrm{OQ}}$ の

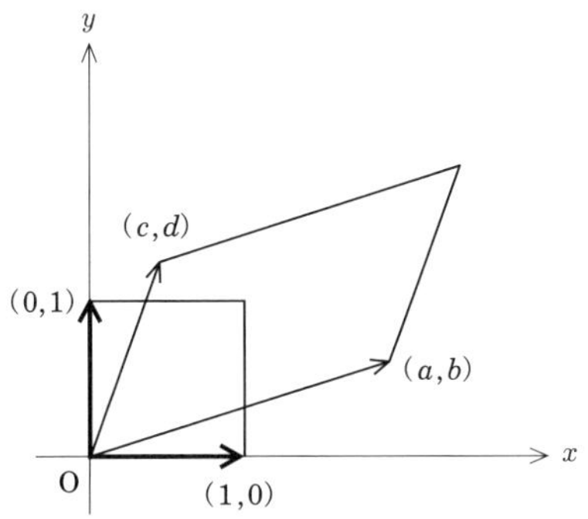

図 1.6 行列 $\begin{pmatrix} a & c \\ b & d \end{pmatrix}$ による写像

向きと重ねるのに、反時計回りのほうが近ければこの 2 次の行列式の値は正であり、時計回りのほうが近ければ負になっています。

例　行列 $\begin{pmatrix} -1 & 0 \\ 0 & -1 \end{pmatrix}$ によって、$\begin{pmatrix} -1 & 0 \\ 0 & -1 \end{pmatrix}\begin{pmatrix} x \\ y \end{pmatrix} = \begin{pmatrix} -x \\ -y \end{pmatrix}$ となりますから、座標平面上の点 (x, y) を座標平面上の点 $(-x, -y)$ に写します。つまり、この行列によって原点 O 対称な点に写します。あるいは、原点 O を軸にして 180 度回転させた点に写すといってもよいわけです (図 1.7)。

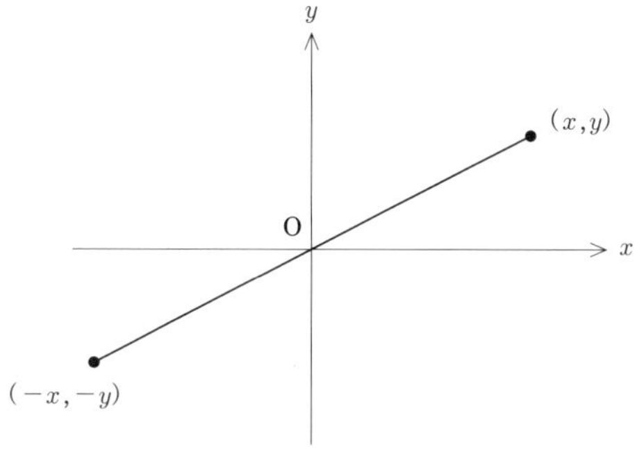

図 1.7　行列 $\begin{pmatrix} -1 & 0 \\ 0 & -1 \end{pmatrix}$ による写像

例　行列 $\begin{pmatrix} 1 & 0 \\ 0 & -1 \end{pmatrix}$ によって、$\begin{pmatrix} 1 & 0 \\ 0 & -1 \end{pmatrix}\begin{pmatrix} x \\ y \end{pmatrix} = \begin{pmatrix} x \\ -y \end{pmatrix}$ となりますから、この行列によって座標平面上の点 (x, y) を座標平面上の点 $(x, -y)$ に写します。つまり、x 軸対称な点に写します (図 1.8)。

例　行列 $\begin{pmatrix} 1 & 1 \\ 1 & 1 \end{pmatrix}$ によって、$\begin{pmatrix} 1 & 1 \\ 1 & 1 \end{pmatrix}\begin{pmatrix} x \\ y \end{pmatrix} = \begin{pmatrix} x+y \\ x+y \end{pmatrix}$ となりますから、この行列によって座標平面上の点 (x, y) を座標平面上の点 $(x+y, x+y)$ に写します。つまり、座標平面のすべての点を直線 $x = y$ の上につぶして写します。この行列によって、座標平面全体が 1 つの直線に縮小されて写るのは、行列式の値が $\begin{vmatrix} 1 & 1 \\ 1 & 1 \end{vmatrix} = 0$ だからです (図 1.9)。

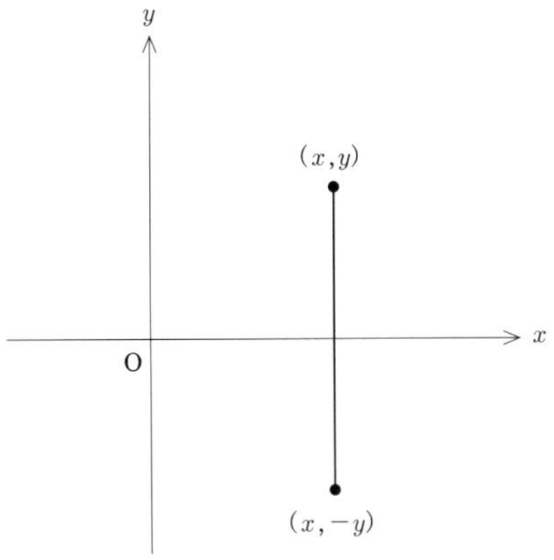

図 **1.8** 行列 $\begin{pmatrix} 1 & 0 \\ 0 & -1 \end{pmatrix}$ による写像

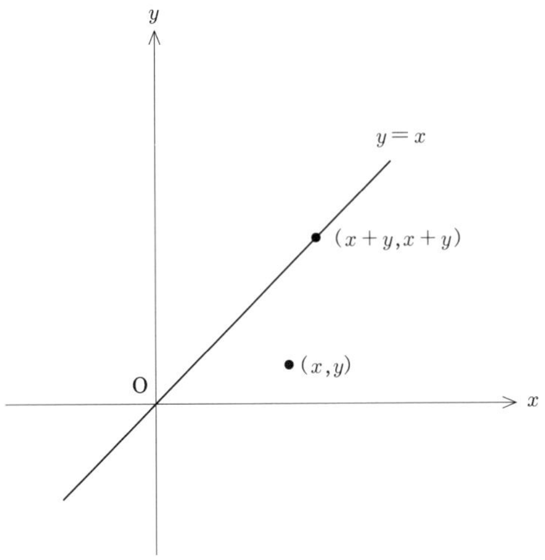

図 **1.9** 行列 $\begin{pmatrix} 1 & 1 \\ 1 & 1 \end{pmatrix}$ による写像

●章末問題

章末問題 1.1 2×2 行列 $A = \begin{pmatrix} 1 & 0 \\ 0 & 2 \end{pmatrix}$ に対して、$AB = BA$ をみたす 2×2 行列 B はどのような行列ですか？

章末問題 1.2 2×2 行列 $A = \begin{pmatrix} 1 & 1 \\ 1 & 1 \end{pmatrix}$ に対して、$AB = BA$ をみたす 2×2 行列 B はどのような行列ですか？

章末問題 1.3 2×2 行列 $A = \begin{pmatrix} 0 & 1 \\ 1 & 0 \end{pmatrix}$ に対して、$AB = BA$ をみたす 2×2 行列 B はどのような行列ですか？

章末問題 1.4 すべての 2×2 行列 B に対して、$AB = BA$ をみたす 2×2 行列 A はどのような行列ですか？

第2章 3次の行列式、3×3行列、3次元数ベクトル

LINEAR Matrix Determinant Vector ALGEBRA

2.1　3 次の行列式

$$\begin{vmatrix} 2 & 4 & 3 \\ -6 & 5 & -3 \\ 2 & -2 & 1 \end{vmatrix}$$

のように、9 個の数、または文字式を 3 行 3 列に並べて両側から縦棒で挟んだものを 3 次の行列式といいます。3 次の行列式にも値と呼ばれるものがあり、それは、

$$\begin{vmatrix} a_1 & a_2 & a_3 \\ b_1 & b_2 & b_3 \\ c_1 & c_2 & c_3 \end{vmatrix} = a_1b_2c_3 + a_2b_3c_1 + a_3b_1c_2 - a_3b_2c_1 - a_2b_1c_3 - a_1b_3c_2$$

によって計算します。上の等式の右辺には、3 つの成分の積からなる 6 つの項があり、そのうちプラスの項が 3 つとマイナスの項が 3 つからなっています。図 2.1 (次ページ) のように実線で結ばれたものがプラスの項、点線で結ばれたものがマイナスの項と覚えると便利です (サラスの方法)。

例
$$\begin{vmatrix} 2 & 4 & 3 \\ -6 & 5 & -3 \\ 2 & -2 & 1 \end{vmatrix} = 2 \times 5 \times 1 + 4 \times (-3) \times 2 + 3 \times (-6) \times (-2)$$
$$- 3 \times 5 \times 2 - 4 \times (-6) \times 1 - 2 \times (-3) \times (-2)$$
$$= 4.$$

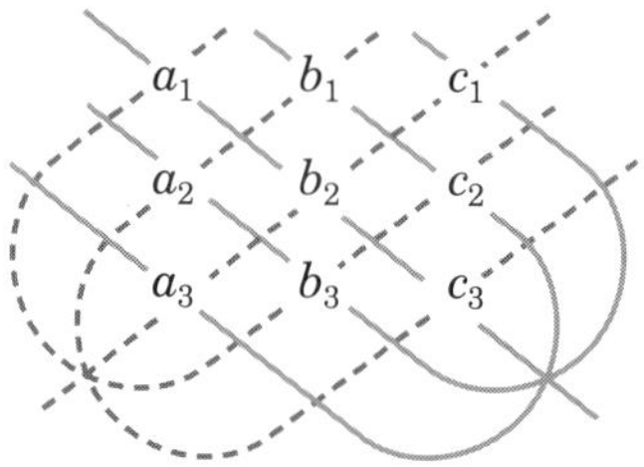

図 **2.1**　サラスの方法

問題 2.1　次の 3 次の行列式 $\begin{vmatrix} 3 & 2 & 0 \\ -1 & 0 & 2 \\ 0 & 5 & 4 \end{vmatrix}$ の値を求めてください。

2.2　2 次の行列式と 3 次の行列式の性質

2 次の行列式と 3 次の行列式がもっている性質を知っておくと、行列式の値の計算がより円滑にできるようになります。それだけでなく、4 次以上の行列式についての理解にも役立ちます。

行列式の性質 (1)

A を 2×2 行列あるいは 3×3 行列とし、それから定まる 2 次の行列式あるいは 3 次の行列式を記号 $|A|$ で表すとき、$|A^t| = |A|$ がなりたつ。

証明　2 次の行列式の場合は、

$$\begin{vmatrix} a_1 & b_1 \\ a_2 & b_2 \end{vmatrix} = \begin{vmatrix} a_1 & a_2 \\ b_1 & b_2 \end{vmatrix}.$$

3 次の行列式の場合は、

$$\begin{vmatrix} a_1 & b_1 & c_1 \\ a_2 & b_2 & c_2 \\ a_3 & b_3 & c_3 \end{vmatrix} = \begin{vmatrix} a_1 & a_2 & a_3 \\ b_1 & b_2 & b_3 \\ c_1 & c_2 & c_3 \end{vmatrix}.$$

いずれも両辺の値をそれぞれ計算して確かめることができます。 ■

行列式の性質 (2)

1 つの行 (あるいは列) 以外の成分は一致する 2 つの行列式の値の和は、その行 (あるいは列) の成分をそれぞれ加え、それ以外の行 (あるいは列) の成分はそのままにした行列式の値に等しい。

証明 第 2 行が一致する 2 次の行列式の和は、

$$\begin{vmatrix} a_1 & a_2 \\ b_1 & b_2 \end{vmatrix} + \begin{vmatrix} d_1 & d_2 \\ b_1 & b_2 \end{vmatrix} = \begin{vmatrix} a_1 + d_1 & a_2 + d_2 \\ b_1 & b_2 \end{vmatrix}.$$

第 2 行と第 3 行が一致する 2 つの 3 次の行列式の値の和は、

$$\begin{vmatrix} a_1 & a_2 & a_3 \\ b_1 & b_2 & b_3 \\ c_1 & c_2 & c_3 \end{vmatrix} + \begin{vmatrix} d_1 & d_2 & d_3 \\ b_1 & b_2 & b_3 \\ c_1 & c_2 & c_3 \end{vmatrix} = \begin{vmatrix} a_1 + d_1 & a_2 + d_2 & a_3 + d_3 \\ b_1 & b_2 & b_3 \\ c_1 & c_2 & c_3 \end{vmatrix}.$$

いずれも両辺の値をそれぞれ計算して確かめることができます。 ■

行列式の性質 (3)

1 つの行 (または列) の成分をすべて k 倍した行列式の値は、もとの行列式の値の k 倍になる。

証明 第 1 行を k 倍した 2 次の行列式については、

$$\begin{vmatrix} ka_1 & ka_2 \\ b_1 & b_2 \end{vmatrix} = k \begin{vmatrix} a_1 & a_2 \\ b_1 & b_2 \end{vmatrix}.$$

第 1 行を k 倍した 3 次の行列式については、

$$\begin{vmatrix} ka_1 & ka_2 & ka_3 \\ b_1 & b_2 & b_3 \\ c_1 & c_2 & c_3 \end{vmatrix} = k \begin{vmatrix} a_1 & a_2 & a_3 \\ b_1 & b_2 & b_3 \\ c_1 & c_2 & c_3 \end{vmatrix}.$$

いずれも両辺の値をそれぞれ計算して確かめることができます。 ■

行列式の性質 (4)

行列式の 2 つの行 (または列) 列を入れ替えると値は -1 倍になる。

証明　2 次の行列式の場合は、

$$\begin{vmatrix} a_2 & b_2 \\ a_1 & b_1 \end{vmatrix} = -\begin{vmatrix} a_1 & b_1 \\ a_2 & b_2 \end{vmatrix}.$$

第 1 行と第 2 行を入れ替えた 3 次の行列式についても、

$$\begin{vmatrix} a_2 & b_2 & c_2 \\ a_1 & b_1 & c_1 \\ a_3 & b_3 & c_3 \end{vmatrix} = -\begin{vmatrix} a_1 & b_1 & c_1 \\ a_2 & b_2 & c_2 \\ a_3 & b_3 & c_3 \end{vmatrix}.$$

いずれも両辺の値をそれぞれ計算して確かめることができます。 ■

行列式の性質 (5)

2 つの行 (または列) が同じである行列式の値は 0 である。

証明　第 1 行と第 2 行が同じ 3 次の行列式について、行列式の性質 (4) より、

$$\begin{vmatrix} a_1 & b_1 & c_1 \\ a_1 & b_1 & c_1 \\ a_3 & b_3 & c_3 \end{vmatrix} = -\begin{vmatrix} a_1 & b_1 & c_1 \\ a_1 & b_1 & c_1 \\ a_3 & b_3 & c_3 \end{vmatrix}$$

がなりたちますから、左辺に移項すると、$2 \times \begin{vmatrix} a_1 & b_1 & c_1 \\ a_1 & b_1 & c_1 \\ a_3 & b_3 & c_3 \end{vmatrix} = 0$ となり、$\begin{vmatrix} a_1 & b_1 & c_1 \\ a_1 & b_1 & c_1 \\ a_3 & b_3 & c_3 \end{vmatrix} = 0$ がなりたちます。 ■

行列式の性質 (6)

行列式の値は、ある行 (または列) の何倍かを他の行 (または列) に加えても変わらない。

証明　第 1 行の k 倍を第 2 行に加えた 3 次の行列式を考えます。行列式の性質 (3), (4), (5) を順次用いることにより、

$$
\begin{vmatrix} a_1 & b_1 & c_1 \\ a_2+ka_1 & b_2+kb_1 & c_2+kc_1 \\ a_3 & b_3 & c_3 \end{vmatrix} = \begin{vmatrix} a_1 & b_1 & c_1 \\ a_2 & b_2 & c_2 \\ a_3 & b_3 & c_3 \end{vmatrix} + \begin{vmatrix} a_1 & b_1 & c_1 \\ ka_1 & kb_1 & kc_1 \\ a_3 & b_3 & c_3 \end{vmatrix}
$$

$$
= \begin{vmatrix} a_1 & b_1 & c_1 \\ a_2 & b_2 & c_2 \\ a_3 & b_3 & c_3 \end{vmatrix} + k \begin{vmatrix} a_1 & b_1 & c_1 \\ a_1 & b_1 & c_1 \\ a_3 & b_3 & c_3 \end{vmatrix}
$$

$$
= \begin{vmatrix} a_1 & b_1 & c_1 \\ a_2 & b_2 & c_2 \\ a_3 & b_3 & c_3 \end{vmatrix} + k \times 0
$$

$$
= \begin{vmatrix} a_1 & b_1 & c_1 \\ a_2 & b_2 & c_2 \\ a_3 & b_3 & c_3 \end{vmatrix}
$$

がなりたちます。 ■

3 次の行列式の値については、列または行についての 2 次の行列式での展開等式がなりたちます。それを説明するために、まず**余因子**と呼ばれるものを 3 次の行列式

$$
\begin{vmatrix} 2 & 4 & 3 \\ -6 & 5 & -3 \\ 2 & -2 & 1 \end{vmatrix}
$$

を例として説明します。この行列式の第 1 行第 1 列の成分である 2 の余因子は、この行列式の第 1 行と第 1 列を除いてできる 2 次の行列式にプラス符号

を付けた

$$+\begin{vmatrix} 5 & -3 \\ -2 & 1 \end{vmatrix} \qquad \left(\begin{vmatrix} 2 & \boxed{4} & \boxed{3} \\ \boxed{-6} & 5 & -3 \\ \boxed{2} & -2 & 1 \end{vmatrix} \right)$$

です。第 2 行第 1 列の成分である -6 の余因子は、この行列式の第 2 行と第 1 列を除いてできる 2 次の行列式にマイナス符号を付けた

$$-\begin{vmatrix} 4 & 3 \\ -2 & 1 \end{vmatrix} \qquad \left(\begin{vmatrix} \boxed{2} & 4 & 3 \\ -6 & \boxed{5} & \boxed{-3} \\ \boxed{2} & -2 & 1 \end{vmatrix} \right)$$

です。第 3 行第 1 列の成分である 2 の余因子は、この行列式の第 3 行と第 1 列を除いてできる 2 次の行列式にプラス符号を付けた

$$+\begin{vmatrix} 4 & 3 \\ 5 & -3 \end{vmatrix} \qquad \left(\begin{vmatrix} \boxed{2} & 4 & 3 \\ \boxed{-6} & 5 & -3 \\ 2 & \boxed{-2} & \boxed{1} \end{vmatrix} \right)$$

です。

プラス・マイナスの符号のつけかたは

$$\begin{vmatrix} + & - & + \\ - & + & - \\ + & - & + \end{vmatrix}$$

にもとづきます。なお、第 i 行第 j 列の符号は $(-1)^{i+j}$ になっています。3 次の行列式の場合だけでなく、4 次以上の行列式の余因子の符号もこの規則が適用されます。

上の 3 次の行列式の第 1 列についての 2 次の行列式での展開は、第 1 列の

各成分にその余因子をかけて加えたもので、

$$
\begin{vmatrix} 2 & 4 & 3 \\ -6 & 5 & -3 \\ 2 & -2 & 1 \end{vmatrix}
$$

$$
\begin{aligned}
&= 2 \times \begin{vmatrix} 5 & -3 \\ -2 & 1 \end{vmatrix} + (-6) \times (-1) \begin{vmatrix} 4 & 3 \\ -2 & 1 \end{vmatrix} + 2 \times \begin{vmatrix} 4 & 3 \\ 5 & -3 \end{vmatrix} \\
&= 2\{5 \times 1 - (-3) \times (-2)\} + 6\{4 \times 1 - 3 \times (-2)\} \\
&\quad + 2\{4 \times (-3) - 3 \times 5\} \\
&= 2 \times (-1) + 6 \times 10 + 2 \times (-27) = 4
\end{aligned}
$$

となります。それぞれの 2 次の行列式の値も計算しました。上の 3 次の行列式の第 2 列についての 2 次の行列式での展開は、

$$
\begin{vmatrix} 2 & 4 & 3 \\ -6 & 5 & -3 \\ 2 & -2 & 1 \end{vmatrix}
$$

$$
\begin{aligned}
&= 4 \times (-1) \begin{vmatrix} -6 & -3 \\ 2 & 1 \end{vmatrix} + 5 \times \begin{vmatrix} 2 & 3 \\ 2 & 1 \end{vmatrix} - 2 \times (-1) \begin{vmatrix} 2 & 3 \\ -6 & -3 \end{vmatrix} \\
&= -4\{(-6) \times 1 - (-3) \times 2\} + 5\{2 \times 1 - 3 \times 2\} \\
&\quad + 2\{2 \times (-3) - 3 \times (-6)\} \\
&= -4 \times 0 + 5 \times (-4) + 2 \times 12 = 4
\end{aligned}
$$

となり、同じ値になりました。

行列式の性質 (7)

3 次の行列式について、各行についての、また、各列についての 2 次の行列式での展開等式がなりたつ。

証明　3 次の行列式の第 1 行についての 2 次の行列式での展開等式は

$$\begin{vmatrix} a_1 & a_2 & a_3 \\ b_1 & b_2 & b_3 \\ c_1 & c_2 & c_3 \end{vmatrix} = a_1 \begin{vmatrix} b_2 & b_3 \\ c_2 & c_3 \end{vmatrix} - a_2 \begin{vmatrix} b_1 & b_3 \\ c_1 & c_3 \end{vmatrix} + a_3 \begin{vmatrix} b_1 & b_2 \\ c_1 & c_2 \end{vmatrix}.$$

両辺の値をそれぞれ計算して確かめることができます。他の行や列についての展開等式も同じように確かめることができます。■

例　上の行列式の性質 (7) を用いて、3 次の行列式の値を求めます。

$$\begin{vmatrix} 2 & 4 & 3 \\ -6 & 5 & -3 \\ 2 & -2 & 1 \end{vmatrix} = \begin{vmatrix} 2 & 4 & 3 \\ 0 & 17 & 6 \\ 2 & -2 & 1 \end{vmatrix} \qquad \text{(第 1 行の 3 倍を第 2 行に加えた)}$$

$$= \begin{vmatrix} 2 & 4 & 3 \\ 0 & 17 & 6 \\ 0 & -6 & -2 \end{vmatrix} \qquad \text{(第 1 行の −1 倍を第 3 行に加えた)}$$

$$= 2 \times \begin{vmatrix} 17 & 6 \\ -6 & -2 \end{vmatrix} + 0 + 0 \qquad \text{(第 1 列で展開した)}$$

$$= 2\{17 \times (-2) - 6 \times (-6)\} = 4$$

となり、同じ値となりました。さらに、同じ行列式について、

$$\begin{vmatrix} 2 & 4 & 3 \\ -6 & 5 & -3 \\ 2 & -2 & 1 \end{vmatrix} = \begin{vmatrix} -4 & 4 & 3 \\ 0 & 5 & -3 \\ 0 & -2 & 1 \end{vmatrix} \qquad \text{(第 3 列の −2 倍を第 1 列に加えた)}$$

$$= -4 \times \begin{vmatrix} 5 & -3 \\ -2 & 1 \end{vmatrix} \qquad \text{(第 1 列で展開した)}$$

$$= (-4) \times \{5 \times 1 - (-3) \times (-2)\} = 4$$

となり、やはり同じ値となりました。行列式の性質 (7) を用いて、成分に 0 を増やすことにより、行列式の値を計算しました。これを**掃き出し法**といいます。

問題 2.2　次の 3 次の行列式の値を掃き出し法を用いて求めましょう。

(1) $\begin{vmatrix} 1 & 3 & 2 \\ 2 & 1 & -1 \\ -1 & 4 & 3 \end{vmatrix}$　　(2) $\begin{vmatrix} 3 & 2 & -1 \\ -2 & -3 & 2 \\ 1 & 2 & 3 \end{vmatrix}$

2.3　3 変数の連立 1 次方程式の行列式を用いた解法

ここでは、変数が 3 つの場合の連立 1 次方程式を行列式を用いて解く方法を示します。

クラメルの公式

3 つの変数 x, y, z と 3 つの等式からなる連立 1 次方程式

$$\begin{cases} a_1x + a_2y + a_3z = p \\ b_1x + b_2y + b_3z = q \\ c_1x + c_2y + c_3z = r \end{cases}$$

の解は 3 次の行列式を用いて、

$$x = \frac{\begin{vmatrix} p & a_2 & a_3 \\ q & b_2 & b_3 \\ r & c_2 & c_3 \end{vmatrix}}{\begin{vmatrix} a_1 & a_2 & a_3 \\ b_1 & b_2 & b_3 \\ c_1 & c_2 & c_3 \end{vmatrix}}, \quad y = \frac{\begin{vmatrix} a_1 & p & a_3 \\ b_1 & q & b_3 \\ c_1 & r & c_3 \end{vmatrix}}{\begin{vmatrix} a_1 & a_2 & a_3 \\ b_1 & b_2 & b_3 \\ c_1 & c_2 & c_3 \end{vmatrix}}, \quad z = \frac{\begin{vmatrix} a_1 & a_2 & p \\ b_1 & b_2 & q \\ c_1 & c_2 & r \end{vmatrix}}{\begin{vmatrix} a_1 & a_2 & a_3 \\ b_1 & b_2 & b_3 \\ c_1 & c_2 & c_3 \end{vmatrix}}$$

により、求めることができる。ただし、分母の行列式の値が 0 でないときである。これを**クラメルの公式**という。

証明　$A = \begin{vmatrix} a_1 & a_2 & a_3 \\ b_1 & b_2 & b_3 \\ c_1 & c_2 & c_3 \end{vmatrix}$ と置いて、連立 1 次方程式の一番上の等式の左辺に

代入すると、

$$a_1 \times \frac{1}{A}\begin{vmatrix} p & a_2 & a_3 \\ q & b_2 & b_3 \\ r & c_2 & c_3 \end{vmatrix} + a_2 \times \frac{1}{A}\begin{vmatrix} a_1 & p & a_3 \\ b_1 & q & b_3 \\ c_1 & r & c_3 \end{vmatrix} + a_3 \times \frac{1}{A}\begin{vmatrix} a_1 & a_2 & p \\ b_1 & b_2 & q \\ c_1 & c_2 & r \end{vmatrix}$$

$$= \frac{1}{A}\left[a_1\left(p\begin{vmatrix} b_2 & b_3 \\ c_2 & c_3 \end{vmatrix} - q\begin{vmatrix} a_2 & a_3 \\ c_2 & c_3 \end{vmatrix} + r\begin{vmatrix} a_2 & a_3 \\ b_2 & b_3 \end{vmatrix}\right)\right.$$

$$+ a_2\left(-p\begin{vmatrix} b_1 & b_3 \\ c_1 & c_3 \end{vmatrix} + q\begin{vmatrix} a_1 & a_3 \\ c_1 & c_3 \end{vmatrix} - r\begin{vmatrix} a_1 & a_3 \\ b_1 & b_3 \end{vmatrix}\right)$$

$$\left. + a_3\left(p\begin{vmatrix} b_1 & b_2 \\ c_1 & c_2 \end{vmatrix} - q\begin{vmatrix} a_1 & a_2 \\ c_1 & c_2 \end{vmatrix} + r\begin{vmatrix} a_1 & a_2 \\ b_1 & b_2 \end{vmatrix}\right)\right]$$

$$= \frac{1}{A}\left[p\left(a_1\begin{vmatrix} b_2 & b_3 \\ c_2 & c_3 \end{vmatrix} - a_2\begin{vmatrix} b_1 & b_3 \\ c_1 & c_3 \end{vmatrix} + a_3\begin{vmatrix} b_1 & b_2 \\ c_1 & c_2 \end{vmatrix}\right)\right.$$

$$+ q\left(-a_1\begin{vmatrix} a_2 & a_3 \\ c_2 & c_3 \end{vmatrix} + a_2\begin{vmatrix} a_1 & a_3 \\ c_1 & c_3 \end{vmatrix} - a_3\begin{vmatrix} a_1 & a_2 \\ c_1 & c_2 \end{vmatrix}\right)$$

$$\left. + r\left(a_1\begin{vmatrix} a_2 & a_3 \\ b_2 & b_3 \end{vmatrix} - a_2\begin{vmatrix} a_1 & a_3 \\ b_1 & b_3 \end{vmatrix} + a_3\begin{vmatrix} b_1 & b_2 \\ c_1 & c_2 \end{vmatrix}\right)\right]$$

$$= \frac{1}{A}\left(p\begin{vmatrix} a_1 & a_2 & a_3 \\ b_1 & b_2 & b_3 \\ c_1 & c_2 & c_3 \end{vmatrix} + q\begin{vmatrix} a_1 & a_2 & a_3 \\ a_1 & a_2 & a_3 \\ c_1 & c_2 & c_3 \end{vmatrix} + r\begin{vmatrix} a_1 & a_2 & a_3 \\ b_1 & b_2 & b_3 \\ a_1 & a_2 & a_3 \end{vmatrix}\right)$$

$$= \frac{1}{A}(p \times A + q \times 0 + r \times 0) = p$$

と第 1 の等式がなりたっています。2 番目と 3 番目の等式も同様になりたちます (補充問題)。クラメルの公式は変数の個数がもっと多い場合でもなりたちます。 ■

問題 2.3 連立 1 次方程式

$$\begin{cases} 2x + 4y + 3z = 2 \\ -6x + 5y - 3z = 0 \\ 2x - 2y + z = 0 \end{cases}$$

の解をクラメルの公式を用いて求めてください。

2.4 3 × 3 行列の逆行列

3 × 3 行列と 3 × 3 行列の積も 2 × 2 行列の場合と同じように、

$$\begin{pmatrix} x_1 & x_2 & x_3 \\ y_1 & y_2 & y_3 \\ z_1 & z_2 & z_3 \end{pmatrix} \begin{pmatrix} a_1 & b_1 & c_1 \\ a_2 & b_2 & c_2 \\ a_3 & b_3 & c_3 \end{pmatrix}$$

$$= \begin{pmatrix} x_1a_1 + x_2a_2 + x_3a_3 & x_1b_1 + x_2b_2 + x_3b_3 & x_1c_1 + x_2c_2 + x_3c_3 \\ y_1a_1 + y_2a_2 + y_3a_3 & y_1b_1 + y_2b_2 + y_3b_3 & y_1c_1 + y_2c_2 + y_3c_3 \\ z_1a_1 + z_2a_2 + z_3a_3 & z_1b_1 + z_2b_2 + z_3b_3 & z_1c_1 + z_2c_2 + z_3c_3 \end{pmatrix}$$

となります。つまり、行列の各行の成分と行列の各列の成分の積を加え合わせたものが行列の積の各成分になります。

3 × 3 行列 $A = \begin{pmatrix} a_1 & b_1 & c_1 \\ a_2 & b_2 & c_2 \\ a_3 & b_3 & c_3 \end{pmatrix}$ に対して、次のような行列 $\tilde{A}$ を A の**余因子行列**といいます。

$$\tilde{A} = \begin{pmatrix} \begin{vmatrix} 1 & 0 & 0 \\ 0 & b_2 & c_2 \\ 0 & b_3 & c_3 \end{vmatrix} & \begin{vmatrix} 0 & 1 & 0 \\ a_2 & 0 & c_2 \\ a_3 & 0 & c_3 \end{vmatrix} & \begin{vmatrix} 0 & 0 & 1 \\ a_2 & b_2 & 0 \\ a_3 & b_3 & 0 \end{vmatrix} \\ \begin{vmatrix} 0 & b_1 & c_1 \\ 1 & 0 & 0 \\ 0 & b_3 & c_3 \end{vmatrix} & \begin{vmatrix} a_1 & 0 & c_1 \\ 0 & 1 & 0 \\ a_3 & 0 & c_3 \end{vmatrix} & \begin{vmatrix} a_1 & b_1 & 0 \\ 0 & 0 & 1 \\ a_3 & b_3 & 0 \end{vmatrix} \\ \begin{vmatrix} 0 & b_1 & c_1 \\ 0 & b_2 & c_2 \\ 1 & 0 & 0 \end{vmatrix} & \begin{vmatrix} a_1 & 0 & c_1 \\ a_2 & 0 & c_2 \\ 0 & 1 & 0 \end{vmatrix} & \begin{vmatrix} a_1 & b_1 & 0 \\ a_2 & b_2 & 0 \\ 0 & 0 & 1 \end{vmatrix} \end{pmatrix}^t .$$

余因子行列の各成分は与えられた行列からつくられる行列式の値です。例えば、第 2 行第 1 列成分は与えられた行列から、その第 2 行第 1 列成分は 1 に、第 2 行の他の成分と第 1 列の他の成分はすべて 0 に置き換えてできる 3 次の行列式の値ですが、それは与えられた行列の第 2 行第 1 列成分の余因子になっています。大切なことはできた行列を右上の記号 t によって、転置するということです。

余因子行列の性質

> 3×3 行列 A とその余因子行列 $\tilde{A}$ について、
>
> $$\tilde{A}A = |A| \begin{pmatrix} 1 & 0 & 0 \\ 0 & 1 & 0 \\ 0 & 0 & 1 \end{pmatrix}$$
>
> がなりたつ。

証明　積 $\tilde{A}A$ の第 1 行第 1 列成分を (転置に注意して) 計算すると、

$$\begin{vmatrix} 1 & 0 & 0 \\ 0 & b_2 & c_2 \\ 0 & b_3 & c_3 \end{vmatrix} \times a_1 + \begin{vmatrix} 0 & b_1 & c_1 \\ 1 & 0 & 0 \\ 0 & b_3 & c_3 \end{vmatrix} \times a_2 + \begin{vmatrix} 0 & b_1 & c_1 \\ 0 & b_2 & c_2 \\ 1 & 0 & 0 \end{vmatrix} \times a_3$$

$$= \begin{vmatrix} a_1 & 0 & 0 \\ 0 & b_2 & c_2 \\ 0 & b_3 & c_3 \end{vmatrix} + \begin{vmatrix} 0 & b_1 & c_1 \\ a_2 & 0 & 0 \\ 0 & b_3 & c_3 \end{vmatrix} + \begin{vmatrix} 0 & b_1 & c_1 \\ 0 & b_2 & c_2 \\ a_3 & 0 & 0 \end{vmatrix}$$

$$= \begin{vmatrix} a_1 & b_1 & c_1 \\ 0 & b_2 & c_2 \\ 0 & b_3 & c_3 \end{vmatrix} + \begin{vmatrix} 0 & b_1 & c_1 \\ a_2 & b_2 & c_2 \\ 0 & b_3 & c_3 \end{vmatrix} + \begin{vmatrix} 0 & b_1 & c_1 \\ 0 & b_2 & c_2 \\ a_3 & b_3 & c_3 \end{vmatrix} = \begin{vmatrix} a_1 & b_1 & c_1 \\ a_2 & b_2 & c_2 \\ a_3 & b_3 & c_3 \end{vmatrix}$$

となり、積 $\tilde{A}A$ の第 1 行第 2 列成分は、

$$\begin{vmatrix} 1 & 0 & 0 \\ 0 & b_2 & c_2 \\ 0 & b_3 & c_3 \end{vmatrix} \times b_1 + \begin{vmatrix} 0 & b_1 & c_1 \\ 1 & 0 & 0 \\ 0 & b_3 & c_3 \end{vmatrix} \times b_2 + \begin{vmatrix} 0 & b_1 & c_1 \\ 0 & b_2 & c_2 \\ 1 & 0 & 0 \end{vmatrix} \times b_3$$

$$= \begin{vmatrix} b_1 & 0 & 0 \\ 0 & b_2 & c_2 \\ 0 & b_3 & c_3 \end{vmatrix} + \begin{vmatrix} 0 & b_1 & c_1 \\ b_2 & 0 & 0 \\ 0 & b_3 & c_3 \end{vmatrix} + \begin{vmatrix} 0 & b_1 & c_1 \\ 0 & b_2 & c_2 \\ b_3 & 0 & 0 \end{vmatrix}$$

$$= \begin{vmatrix} b_1 & b_1 & c_1 \\ 0 & b_2 & c_2 \\ 0 & b_3 & c_3 \end{vmatrix} + \begin{vmatrix} 0 & b_1 & c_1 \\ b_2 & b_2 & c_2 \\ 0 & b_3 & c_3 \end{vmatrix} + \begin{vmatrix} 0 & b_1 & c_1 \\ 0 & b_2 & c_2 \\ b_3 & b_3 & c_3 \end{vmatrix} = \begin{vmatrix} b_1 & b_1 & c_1 \\ b_2 & b_2 & c_2 \\ b_3 & b_3 & c_3 \end{vmatrix}$$

$$= 0$$

となります。ほかの成分も同様に対角線成分は行列式 $|A|$ の値になり、対角線以外の成分は 0 なります。 ■

このことから、次のことが言えます。

3 × 3 行列の逆行列

3 × 3 行列 A から定まる行列式 A の値が 0 でないときは、逆行列が存在し、$A^{-1} = \frac{1}{|A|}\tilde{A}$ である。

以上のことは、一般の正方行列についてもなりたちます。さらに、次のことがなりたちます。

単位行列の性質

正方行列 A に逆行列 A^{-1} が存在するとき、$AA^{-1} = A^{-1}A = E$ がなりたつ。ここで E は単位行列とする。

証明 なぜなら、$B = A^{-1}$ と置くと、$BA = E$ がなりたちますから、$|B| \times |A| = |BA| = |E| = 1$ がなりたちます。したがって、$|B| \neq 0$ となり、B に逆行列 B^{-1} が存在します。$B^{-1}B = E$ がなりたちますから、$B^{-1} = B^{-1}E = B^{-1}BA = EA = A$ となり、$AA^{-1} = AB = B^{-1}B = E$ がなりたちます。■

行列については一般に $AB = BA$ はなりたちませんが、逆行列との関係では、$A^{-1}A = AA^{-1}$ がいつでもなりたつということです。

問題 2.4 連立 1 次方程式 $\begin{cases} x + 2y + 2z = 0 \\ 2x + y + 3z = 5 \\ 2x + 3y + 2z = 0 \end{cases}$ について、逆行列を用いて解を求めてください。

行列式の計算や逆行列の計算などの単純作業はコンピュータが得意とするところです。大型コンピュータは科学計算などにおいて、行と列の個数が何百という場合の計算を何万回も実行します。ただし、計算時間をできるだけ短くするために、さまざまな工夫を凝らした計算を行います。

2.5 3 次元数ベクトルと矢線ベクトル

3×1 実行列を 3 **次元数ベクトル**といいます。3 次元数ベクトルの和と定数倍は、

$$\begin{pmatrix} a_1 \\ a_2 \\ a_3 \end{pmatrix} + \begin{pmatrix} b_1 \\ b_2 \\ b_3 \end{pmatrix} = \begin{pmatrix} a_1 + b_1 \\ a_2 + b_2 \\ a_3 + b_3 \end{pmatrix}, \quad c \times \begin{pmatrix} a_1 \\ a_2 \\ a_3 \end{pmatrix} = \begin{pmatrix} ca_1 \\ ca_2 \\ ca_3 \end{pmatrix}$$

となります。

座標平面の点 $\mathrm{P} = (a_1, a_2, a_3)$ から点 $\mathrm{Q} = (b_1, b_2, b_3)$ へ引いた矢印を、**始点**を P とし、**終点**を Q とする**矢線ベクトル**といい、記号 $\overrightarrow{\mathrm{PQ}}$ で表します (図 2.2)。また、この矢線ベクトルから定まる 3 次元数ベクトル $\begin{pmatrix} b_1 - a_1 \\ b_2 - a_2 \\ b_3 - b_2 \end{pmatrix}$ を $\overrightarrow{\mathrm{PQ}}$ の**成分**といい、2 点 P, Q 間の長さ $\overline{\mathrm{PQ}} = \sqrt{(b_1 - a_1)^2 + (b_2 - a_2)^2 + (b_3 - a_3)^2}$ を $\overrightarrow{\mathrm{PQ}}$ の**大きさ**といいます。2 つの矢線ベクトルは成分が等しいとき同じであるとみなします。これは、長さと方向が等しい矢線ベクトル、つまり、平行移動すると重なる矢線ベクトルは同じであるとみなすということです。置かれた位置は違っても長さと方向が等しければ矢線ベクトルとしては同じとするわけです。

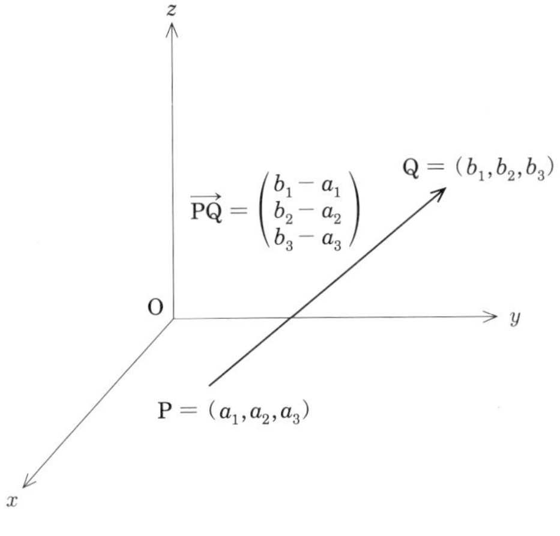

図 2.2　座標空間の矢線ベクトル

矢線ベクトル $\overrightarrow{\mathrm{PQ}}$ と矢線ベクトル $\overrightarrow{\mathrm{ST}}$ との和 $\overrightarrow{\mathrm{PQ}} + \overrightarrow{\mathrm{ST}}$ とは、$\overrightarrow{\mathrm{PQ}}$ の成分と $\overrightarrow{\mathrm{ST}}$ の成分の和を成分とする矢線ベクトルのことです。また、矢線ベクトル $\overrightarrow{\mathrm{PQ}}$ の c 倍 $c\overrightarrow{\mathrm{PQ}}$ は、矢線ベクトル $\overrightarrow{\mathrm{PQ}}$ の成分の c 倍を成分とする矢線ベクトルのことです。

始点を原点にとった矢線ベクトルを**位置ベクトル**といいます (図 2.3)。位置ベクトル $\overrightarrow{\mathrm{OP}}$ の成分が $\begin{pmatrix} x \\ y \\ z \end{pmatrix}$ であれば、P の座標は $\mathrm{P} = (x, y, z)$ となりますので、位置ベクトルは位置を表すからです。

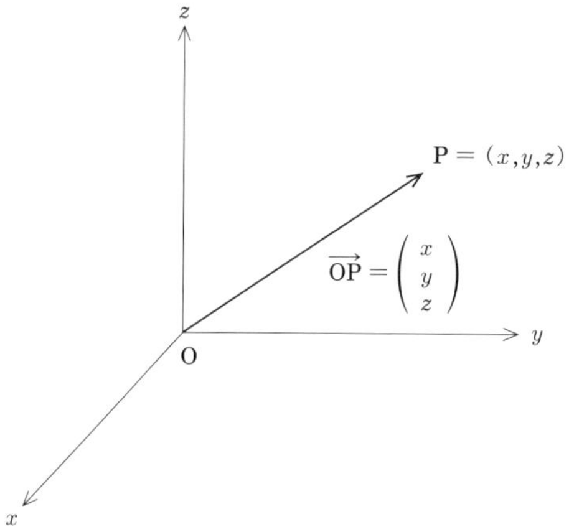

図 **2.3** 座標空間の位置ベクトル

座標空間の平行四辺形の面積を考えます (図 2.4)。

座標空間の平行四辺形の面積

座標空間の原点 $\mathrm{O} = (0, 0, 0)$ とは異なる 2 つの点を $\mathrm{P} = (a_1, a_2, a_3)$, $\mathrm{Q} = (b_1, b_2, b_3)$ とするとき、$\overrightarrow{\mathrm{OP}}$ と $\overrightarrow{\mathrm{OQ}}$ を 2 辺とする平行四辺形の面積は
$\sqrt{\begin{vmatrix} a_2 & b_2 \\ a_3 & b_3 \end{vmatrix}^2 + \begin{vmatrix} a_3 & b_3 \\ a_1 & b_1 \end{vmatrix}^2 + \begin{vmatrix} a_1 & b_1 \\ a_2 & b_2 \end{vmatrix}^2}$ である。

証明 点 Q から線分 OP に下ろした垂線の足を R とすると、$\mathrm{R} = (ta_1, ta_2, ta_3)$ と表すことができます。ピタゴラスの定理 $\overline{\mathrm{OR}}^2 + \overline{\mathrm{RQ}}^2 = \overline{\mathrm{OQ}}^2$ より、

$$
\begin{aligned}
&(ta_1)^2 + (ta_2)^2 + (ta_3)^2 + (ta_1 - b_1)^2 + (ta_2 - b_2)^2 + (ta_3 - b_3)^2 \\
&\quad = b_1^2 + b_2^2 + b_3^2
\end{aligned}
$$

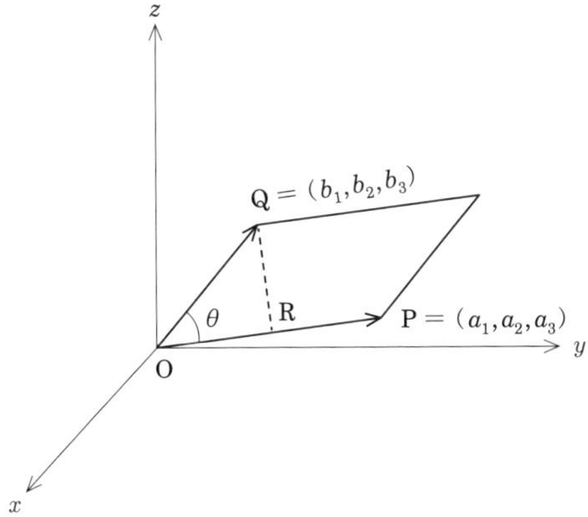

図 2.4　座標空間の平行四辺形

がなりたちます。これより $t^2(a_1^2 + a_2^2 + a_3^2) - t(a_1b_1 + a_2b_2 + a_3b_3) = 0$ となり、$t \neq 0$ と考えてよいので ($t = 0$ のときは R = O のときだから)、$t = \dfrac{a_1b_1 + a_2b_2 + a_3b_3}{a_1^2 + a_2^2 + a_3^2}$ を得ます。このとき、

$$
\begin{aligned}
\overline{\mathrm{QR}}^2 &= (ta_1 - b_1)^2 + (ta_2 - b_2)^2 + (ta_3 - b_3)^2 \\
&= t^2(a_1^2 + a_2^2 + a_3^2) - 2t(a_1b_1 + a_2b_2 + a_3b_3) + b_1^2 + b_2^2 + b_3^2 \\
&= \frac{(a_1b_1 + a_2b_2 + a_3b_3)^2}{a_1^2 + a_2^2 + a_3^2} - \frac{2(a_1b_1 + a_2b_2 + a_3b_3)^2}{a_1^2 + a_2^2 + a_3^2} \\
&\quad + (b_1^2 + b_2^2 + b_3^2) \\
&= \frac{(a_1^2 + a_2^2 + a_3^2)(b_1^2 + b_2^2 + b_3^2) - (a_1b_1 + a_2b_2 + a_3b_3)^2}{a_1^2 + a_2^2 + a_3^2} \\
&= \frac{(a_2b_3 - a_3b_2)^2 + (a_3b_1 - a_1b_3)^2 + (a_1b_2 - a_2b_1)^2}{a_1^2 + a_2^2 + a_3^2}
\end{aligned}
$$

$$
\overline{\mathrm{OR}}^2 = t^2(a_1^2 + a_2^2 + a_3^2) = \frac{(a_1b_1 + a_2b_2 + a_3b_3)^2}{a_1^2 + a_2^2 + a_3^2}
$$

となります。したがって、$\overrightarrow{\mathrm{OP}}$ と $\overrightarrow{\mathrm{OQ}}$ を 2 辺とする平行四辺形の面積は

$$
\overline{\mathrm{OP}} \times \overline{\mathrm{QR}} = \sqrt{a_1^2 + a_2^2 + a_3^2}
$$

$$\times \frac{\sqrt{(a_2b_3 - a_3b_2)^2 + (a_3b_1 - a_1b_3)^2 + (a_1b_2 - a_2b_1)^2}}{\sqrt{a_1^2 + a_2^2 + a_3^2}}$$

$$= \sqrt{(a_2b_3 - a_3b_2)^2 + (a_3b_1 - a_1b_3)^2 + (a_1b_2 - a_2b_1)^2}$$

$$= \sqrt{\begin{vmatrix} a_2 & b_2 \\ a_3 & b_3 \end{vmatrix}^2 + \begin{vmatrix} a_3 & b_3 \\ a_1 & b_1 \end{vmatrix}^2 + \begin{vmatrix} a_1 & b_1 \\ a_2 & b_2 \end{vmatrix}^2}$$

となります。 ■

2 つの矢線ベクトル $\overrightarrow{\mathrm{OP}}$ と $\overrightarrow{\mathrm{OQ}}$ がなす角を θ とすると (図 2.4)、

$$|\cos\theta| = \frac{\overline{\mathrm{OR}}}{\overline{\mathrm{OQ}}} = \frac{|a_1b_1 + a_2b_2 + a_3b_3|}{\sqrt{a_1^2 + a_2^2 + a_3^2}\sqrt{b_1^2 + b_2^2 + b_3^2}}$$

となりますから、$\overrightarrow{\mathrm{OP}}$ と $\overrightarrow{\mathrm{OQ}}$ が直角に交わるのは $\cos\theta = 0$ のとき、すなわち、$a_1b_1 + a_2b_2 + a_3b_3 = 0$ のときです。

●章末問題

章末問題 2.1　2.3 節の 3 変数の連立 1 次方程式のクラメルの公式が連立 1 次方程式の 2 番目の等式をみたすことを示してください。

章末問題 2.2　O を原点とする座標空間の 2 つの点 $\mathrm{P} = (a, b, 0)$ と $\mathrm{Q} = (c, d, 0)$ について、$\overrightarrow{\mathrm{OP}}$ と $\overrightarrow{\mathrm{OQ}}$ を 2 辺とする平行四辺形の面積を求めてください。

第3章 n次の行列式

3.1 4次以上の行列式の値を求める

4次以上の行列式もあります。しかも、ベクトルや行列を考える上でも必要です。4次以上の行列式についても、2次や3次の行列式と同じような性質があります。4次以上の行列式の値はどのように定義するかや、それらがもつ性質についての証明は次の節で学ぶことにして、この節では、4次以上の行列式の値についても、より小さい次数の行列式への展開等式がなりたつことを用いて、行列式の値を求めることができます。また、ある行(列)の何倍かを他の行(列)に加えても値が変わらないという性質を用いて、成分にできるだけ0を増やすと計算が楽になります。

例 4次の行列式 $\begin{vmatrix} 1 & 2 & 3 & 4 \\ 2 & 3 & 4 & 1 \\ 3 & 4 & 1 & 2 \\ 4 & 1 & 2 & 3 \end{vmatrix}$ の値を求めます。

$$\begin{vmatrix} 1 & 2 & 3 & 4 \\ 2 & 3 & 4 & 1 \\ 3 & 4 & 1 & 2 \\ 4 & 1 & 2 & 3 \end{vmatrix}$$

(第2行を第1行に加える
第3行を第1行に加え、
第4行を第1行に加える。)

$$= \begin{vmatrix} 10 & 10 & 10 & 10 \\ 2 & 3 & 4 & 1 \\ 3 & 4 & 1 & 2 \\ 4 & 1 & 2 & 3 \end{vmatrix}$$

(第1行から10を外に出す。)

$$= 10 \times \begin{vmatrix} 1 & 1 & 1 & 1 \\ 2 & 3 & 4 & 1 \\ 3 & 4 & 1 & 2 \\ 4 & 1 & 2 & 3 \end{vmatrix} \qquad \left(\begin{array}{l} \text{第 1 列を第 2 列から引き、} \\ \text{第 1 列を第 3 列から引き、} \\ \text{第 1 列を第 4 列から引く。} \end{array} \right)$$

$$= 10 \times \begin{vmatrix} 1 & 0 & 0 & 0 \\ 2 & 1 & 2 & -1 \\ 3 & 1 & -2 & -1 \\ 4 & -3 & -2 & -1 \end{vmatrix} \qquad (\text{第 1 行で展開する。})$$

$$= 10 \times (+1) \times \begin{vmatrix} 1 & 2 & -1 \\ 1 & -2 & -1 \\ -3 & -2 & -1 \end{vmatrix} \qquad (\text{第 3 列の 2 倍を第 2 列から引く。})$$

$$= 10 \times \begin{vmatrix} 1 & 4 & -1 \\ 1 & 0 & -1 \\ -3 & 0 & -1 \end{vmatrix} \qquad (\text{第 2 列で展開する。})$$

$$= 10 \times (-4) \begin{vmatrix} 1 & -1 \\ -3 & -1 \end{vmatrix} = -40 \times (-4) = 160.$$

5 次以上の行列式についても、ある行 (列) の何倍かを他の行 (列) に加えても値は変わらないということと、1 つ下の次数の行列式への展開等式がなりたつことを用いて、値を計算できます。

問題 3.1 4 次の行列式 $\begin{vmatrix} 2 & 6 & -1 & 4 \\ 1 & 2 & -1 & 1 \\ -1 & 1 & 3 & -3 \\ 1 & 2 & 3 & -1 \end{vmatrix}$ の値を求めてください。

3.2 n 次の行列式の定義と性質

n が 4 以上のときの、n 次の行列式の値をどのように定めるのかを考えるために、行列式の成分を上添え字と下添え字を用いて表すことにします。ここだけのことですが、a_1^2 と書かれていても 2 乗を意味せず、単なる添え字です。3 次の行列式の値は、

$$\begin{vmatrix} a_1^1 & a_2^1 & a_3^1 \\ a_1^2 & a_2^2 & a_3^2 \\ a_1^3 & a_2^3 & a_3^3 \end{vmatrix} = a_1^1a_2^2a_3^3 + a_2^1a_3^2a_1^3 + a_3^1a_1^2a_2^3 - a_1^1a_3^2a_2^3 - a_2^1a_1^2a_3^3 - a_3^1a_2^2a_1^3$$

でした。6 つの項の成分の上添え字はいずれも $(1,2,3)$ です。6 つの項の成分の下添え字は $\{1,2,3\}$ の順序を入れ替えたものの全体 $(1,2,3),(2,3,1),(3,1,2)$ $(1,3,2),(2,1,3),(3,2,1)$ です。これら 6 つを $\{1,2,3\}$ の**置換**といいます。6 つの項のうち、はじめの 3 つの置換 $(1,2,3),(2,3,1),(3,1,2)$ に対応する項の符号がプラスであり、残りの 3 つの置換 $(1,3,2),(2,1,3),(3,2,1)$ に対応する項の符号がマイナスです。符号がプラスの項に対応する置換は偶数回の 2 つの数の入れ替えによって小さい順の $(1,2,3)$ に戻すことができるので**偶置換**といい、符号がマイナスの項に対応する置換は奇数回の 2 つの数の入れ替えによって小さい順の $(1,2,3)$ に戻すことができるので**奇置換**といいます。

$\{1,2,3\}$ の置換は $3! = 3 \times 2 \times 1 = 6$ 個ありましたが、$\{1,2,3,4\}$ の置換は $4! = 4 \times 3 \times 2 \times 1 = 24$ 個あります。n を自然数とするとき、$\{1,2,\cdots,n\}$ の置換は $n \times \cdots \times 2 \times 1 = n!$ 個あります。そのうちの半分が偶置換で、残りの半分が奇置換です。

n 次の行列式

$$\begin{vmatrix} a_1^1 & a_2^1 & \cdots & a_n^1 \\ a_1^2 & a_2^2 & \cdots & a_n^2 \\ \vdots & \vdots & \ddots & \vdots \\ a_1^n & a_2^n & \cdots & a_n^n \end{vmatrix}$$

の値も同じように、$\{1,2,\cdots,n\}$ の $n!$ 個の置換を考え、それらの置換に対応

する n 個の成分の積である $n!$ 個の項からなります。そのうちの半分の偶置換に対応する項の符号をプラスとし、残りの半分の奇置換に対応する項の符号をマイナスとします。以下において、n **次の行列式の値**を明確に表わすために記号を用います。

n 個の異なる自然数の列 $(i_1, i_2, \cdots, i_n)$ に対して、これを小さい順になるまでに必要な 2 つの自然数の入れ替えの回数を記号 $\#(i_1, i_2, \cdots, i_n)$ で表すことにします。$\#(i_1, i_2, \cdots, i_n)$ は一通りに決まるわけではありませんが、偶数であるか奇数であるかはかわりませんので、$sgn(i_1, i_2, \cdots, i_n)$ を次のように定めます。記号 sgn はサインと読みます。

$$sgn(i_1, i_2, \cdots, i_n) = (-1)^{\#(i_1, i_2, \cdots, i_n)}$$

すなわち、$\#(i_1, i_2, \cdots, i_n)$ が偶数のときは、$sgn(i_1, i_2, \cdots, i_n) = 1$ とし、$\#(i_1, i_2, \cdots, i_n)$ が奇数のときは、$sgn(i_1, i_2, \cdots, i_n) = -1$ とするわけです。n **次の行列式の値**は

$$\begin{vmatrix} a_1^1 & a_2^1 & \cdots & a_n^1 \\ a_1^2 & a_2^2 & \cdots & a_n^2 \\ \vdots & \vdots & \ddots & \vdots \\ a_1^n & a_2^n & \cdots & a_n^n \end{vmatrix} = \sum_{(i_1, i_2, \cdots, i_n)}^{(1,2,\cdots,n)} sgn(i_1, i_2, \cdots, i_n) a_{i_1}^1 a_{i_2}^2 \cdots a_{i_n}^n$$

とします。ここで、記号 $\displaystyle\sum_{(i_1, i_2, \cdots, i_n)}^{(1,2,\cdots,n)}$ は $(1, 2, \cdots, n)$ のすべての置換 $(i_1, i_2, \cdots, i_n)$ についての和を表します。$(1, 2, \cdots, n)$ の置換は $n!$ 個ありますので、$n!$ 個の項の和ということになります。たくさんな項の和を**シグマ記号** $\sum$ を用いて簡潔に表すことができます。なお、4 次以上の行列式については、3 次の行列式の場合のサラスの方法と同様のものはありません。このように定めた n 次の行列式は、2.2 節の行列式の性質 (1)〜(7) のすべてをみたします。以下においては記号の煩雑さをさけるため、4 次の行列式について証明します。n 次の行列式についても、まったく同じように証明できます。なお、本節の行列式の性質の証明のきちんとした理解のためには、シグマ記号についてのいくらかの慣れが必要です。行列式の性質そのものは難しいと言えるものではありませ

んので、厳密な証明があることを知ることに留めて、きちんとした理解は後回しにすることも考えられます。

行列式の性質 (1)

$$|A^t| = |A|$$

証明　(i_1, i_2, i_3, i_4) を $(1,2,3,4)$ の置換として、

$$a^1_{i_1} a^2_{i_2} a^3_{i_3} a^4_{i_4} = a^{j_1}_1 a^{j_2}_2 a^{j_3}_3 a^{j_4}_4$$

とします。つまり、左辺は上の添え字が小さい順に並んでいますが、それを下の添え字が小さい順になるように並び替えたのが右辺です。並び替えのための 2 つの成分の入れ替えを逆に行えば、右辺から左辺が得られますので、$sgn(i_1, i_2, i_3, i_4) = sgn(j_1, j_2, j_3, j_4)$ がなりたちます。したがって、

$$\begin{aligned}
&\begin{vmatrix} a^1_1 & a^1_2 & a^1_3 & a^1_4 \\ a^2_1 & a^2_2 & a^2_3 & a^2_4 \\ a^3_1 & a^3_2 & a^3_3 & a^3_4 \\ a^4_1 & a^4_2 & a^4_3 & a^4_4 \end{vmatrix} \\
&= \sum_{(i_1,i_2,i_3,i_4)}^{(1,2,3,4)} sgn(i_1, i_2, i_3, i_4) a^1_{i_1} a^2_{i_2} a^3_{i_3} a^4_{i_4} \\
&= \sum_{(j_1,j_2,j_3,j_4)}^{(1,2,3,4)} sgn(j_1, j_2, j_3, j_4) a^{j_1}_1 a^{j_2}_2 a^{j_3}_3 a^{j_4}_4 \\
&= \begin{vmatrix} a^1_1 & a^2_1 & a^3_1 & a^4_1 \\ a^1_2 & a^2_2 & a^3_2 & a^4_2 \\ a^1_3 & a^2_3 & a^3_3 & a^4_3 \\ a^1_4 & a^2_4 & a^3_4 & a^4_4 \end{vmatrix} \quad \text{(添字が上と下で入れ替わっています。)}
\end{aligned}$$

がなりたちます。 ■

行列式の性質 (2)

1 つの行 (あるいは列) 以外の成分は一致する 2 つの行列式の値の和は、その行 (あるいは列) の成分をそれぞれ加え、それ以外の行 (あるいは列) の成分はそのままにした行列式の値に等しい。

証明　第 2 行以外は一致する行列式の和を考えます。

$$\begin{vmatrix} a_1^1 & a_2^1 & a_3^1 & a_4^1 \\ a_1^2 & a_2^2 & a_3^2 & a_4^2 \\ a_1^3 & a_2^3 & a_3^3 & a_4^3 \\ a_1^4 & a_2^4 & a_3^4 & a_4^4 \end{vmatrix} + \begin{vmatrix} a_1^1 & a_2^1 & a_3^1 & a_4^1 \\ b_1^2 & b_2^2 & b_3^2 & b_4^2 \\ a_1^3 & a_2^3 & a_3^3 & a_4^3 \\ a_1^4 & a_2^4 & a_3^4 & a_4^4 \end{vmatrix}$$

$$= \sum_{(i_1,i_2,i_3,i_4)}^{(1,2,3,4)} sgn(i_1,i_2,i_3,i_4) a_{i_1}^1 a_{i_2}^2 a_{i_3}^3 a_{i_4}^4$$

$$+ \sum_{(i_1,i_2,i_3,i_4)}^{(1,2,3,4)} sgn(i_1,i_2,i_3,i_4) a_{i_1}^1 b_{i_2}^2 a_{i_3}^3 a_{i_4}^4$$

$$= \sum_{(i_1,i_2,i_3,i_4)}^{(1,2,3,4)} sgn(i_1,i_2,i_3,i_4) a_{i_1}^1 (a_{i_2}^2 + b_{i_2}^2) a_{i_3}^3 a_{i_4}^4$$

$$= \begin{vmatrix} a_1^1 & a_2^1 & a_3^1 & a_4^1 \\ a_1^2 + b_1^2 & a_2^2 + b_2^2 & a_3^2 + b_3^2 & a_4^2 + b_4^2 \\ a_1^3 & a_2^3 & a_3^3 & a_4^3 \\ a_1^4 & a_2^4 & a_3^4 & a_4^4 \end{vmatrix}.$$

■

行列式の性質 (3)

1 つの行 (または列) の成分をすべて k 倍した行列式の値は、もとの行列式の値の k 倍になる。

証明　第 3 行を k 倍した行列式を考えます。

$$\begin{vmatrix} a_1^1 & a_2^1 & a_3^1 & a_4^1 \\ a_1^2 & a_2^2 & a_3^2 & a_4^2 \\ ka_1^3 & ka_2^3 & ka_3^3 & ka_4^3 \\ a_1^4 & a_2^4 & a_3^4 & a_4^4 \end{vmatrix} = \sum_{(i_1,i_2,i_3,i_4)}^{(1,2,3,4)} sgn(i_1, i_2, i_3, i_4) a_{i_1}^1 a_{i_2}^2 (ka_{i_3}^3) a_{i_4}^4$$

$$= k \sum_{(i_1,i_2,i_3,i_4)}^{(1,2,3,4)} sgn(i_1, i_2, i_3, i_4) a_{i_1}^1 a_{i_2}^2 a_{i_3}^3 a_{i_4}^4$$

$$= k \begin{vmatrix} a_1^1 & a_2^1 & a_3^1 & a_4^1 \\ a_1^2 & a_2^2 & a_3^2 & a_4^2 \\ a_1^3 & a_2^3 & a_3^3 & a_4^3 \\ a_1^4 & a_2^4 & a_3^4 & a_4^4 \end{vmatrix}.$$

■

行列式の性質 (4)

行列式の 2 つの行 (または列) 列を入れ替えると値は -1 倍になる。

証明　第 2 行と第 4 行を入れ替えた行列式を考えます。

$$\begin{vmatrix} a_1^1 & a_2^1 & a_3^1 & a_4^1 \\ a_1^4 & a_2^4 & a_3^4 & a_4^4 \\ a_1^3 & a_2^3 & a_3^3 & a_4^3 \\ a_1^2 & a_2^2 & a_3^2 & a_4^2 \end{vmatrix} = \sum_{(i_1,i_2,i_3,i_4)}^{(1,2,3,4)} sgn(i_1, i_2, i_3, i_4) a_{i_1}^1 a_{i_2}^4 a_{i_3}^3 a_{i_4}^2$$

$$= \sum_{(i_1,i_2,i_3,i_4)}^{(1,2,3,4)} (-1) \times sgn(i_1, i_4, i_3, i_2) a_{i_1}^1 a_{i_4}^2 a_{i_3}^3 a_{i_2}^4$$

$$= - \begin{vmatrix} a_1^1 & a_2^1 & a_3^1 & a_4^1 \\ a_1^2 & a_2^2 & a_3^2 & a_4^2 \\ a_1^3 & a_2^3 & a_3^3 & a_4^3 \\ a_1^4 & a_2^4 & a_3^4 & a_4^4 \end{vmatrix}.$$

■

行列式の性質 (5), (6) は 2.2 節と同じ方法で証明できますので証明を省きます。

行列式の性質 (5)

2 つの行 (または列) が同じである行列式の値は 0 である。

行列式の性質 (6)

行列式の値は、ある行 (または列) の何倍かを他の行 (または列) に加えても変わらない。

行列式の性質 (7) を証明するために次のことを準備します。

行列式の性質 (7′)

$$\begin{vmatrix} a_1^1 & 0 & 0 & \cdots & 0 \\ a_1^2 & a_2^2 & a_3^2 & \cdots & a_n^2 \\ a_1^3 & a_2^3 & a_3^3 & \cdots & a_n^3 \\ \vdots & \vdots & \vdots & \ddots & \vdots \\ a_1^n & a_2^n & a_3^n & \cdots & a_n^n \end{vmatrix} = a_1^1 \begin{vmatrix} a_2^2 & a_3^2 & \cdots & a_n^2 \\ a_2^3 & a_3^3 & \cdots & a_n^3 \\ \vdots & \vdots & \ddots & \vdots \\ a_2^n & a_3^n & \cdots & a_n^n \end{vmatrix}$$

証明　$i_1 = 1$ しかありませんし、(i_2, i_3, i_3) は $(2, 3, 4)$ の順列になりますから、

$$\begin{vmatrix} a_1^1 & 0 & 0 & 0 \\ a_1^2 & a_2^2 & a_3^2 & a_4^2 \\ a_1^3 & a_2^3 & a_3^3 & a_4^3 \\ a_1^4 & a_2^4 & a_3^4 & a_4^4 \end{vmatrix} = \sum_{(1,i_2,i_3,i_4)}^{(1,2,3,4)} sgn(1, i_2, i_3, i_4) a_1^1 a_{i_2}^2 a_{i_3}^3 a_{i_4}^4$$

$$= a_1^1 \sum_{(i_2,i_3,i_4)}^{(2,3,4)} sgn(i_2, i_3, i_4) a_{i_2}^2 a_{i_3}^3 a_{i_4}^4$$

$$= a_1^1 \begin{vmatrix} a_2^2 & a_3^2 & a_4^2 \\ a_2^3 & a_3^3 & a_4^3 \\ a_2^4 & a_3^4 & a_4^4 \end{vmatrix}.$$

■

行列式の性質 (7)

n 次の行列式について、各行についての、また、各列についての $n-1$ 次の行列式での展開等式がなりたつ。

証明　次の最初の等号では第 2 列に行列式の性質 (2) を用い、2 番目の等号では第 2 列と第 1 列とを入れ替えることによる行列式の性質 (4) を用い、3 番目の等号では第 1 行に上げることによる行列式の性質 (4) を用い、4 番目の等号では前に示した行列式の性質 (7′) を用いることによって、

$$
\begin{aligned}
&\begin{vmatrix} a_1^1 & a_2^1 & a_3^1 & a_4^1 \\ a_1^2 & a_2^2 & a_3^2 & a_4^2 \\ a_1^3 & a_2^3 & a_3^3 & a_4^3 \\ a_1^4 & a_2^4 & a_3^4 & a_4^4 \end{vmatrix} \\
&= \begin{vmatrix} a_1^1 & a_2^1 & a_3^1 & a_4^1 \\ a_1^2 & 0 & a_3^2 & a_4^2 \\ a_1^3 & 0 & a_3^3 & a_4^3 \\ a_1^4 & 0 & a_3^4 & a_4^4 \end{vmatrix} + \begin{vmatrix} a_1^1 & 0 & a_3^1 & a_4^1 \\ a_1^2 & a_2^2 & a_3^2 & a_4^2 \\ a_1^3 & 0 & a_3^3 & a_4^3 \\ a_1^4 & 0 & a_3^4 & a_4^4 \end{vmatrix} \\
&\quad + \begin{vmatrix} a_1^1 & 0 & a_3^1 & a_4^1 \\ a_1^2 & 0 & a_3^2 & a_4^2 \\ a_1^3 & a_2^3 & a_3^3 & a_4^3 \\ a_1^4 & 0 & a_3^4 & a_4^4 \end{vmatrix} + \begin{vmatrix} a_1^1 & 0 & a_3^1 & a_4^1 \\ a_1^2 & 0 & a_3^2 & a_4^2 \\ a_1^3 & 0 & a_3^3 & a_4^3 \\ a_1^4 & a_2^4 & a_3^4 & a_4^4 \end{vmatrix} \\
&= (-1)^1 \begin{vmatrix} a_2^1 & a_1^1 & a_3^1 & a_4^1 \\ 0 & a_1^2 & a_3^2 & a_4^2 \\ 0 & a_1^3 & a_3^3 & a_4^3 \\ 0 & a_1^4 & a_3^4 & a_4^4 \end{vmatrix} + (-1)^1 \begin{vmatrix} 0 & a_1^1 & a_3^1 & a_4^1 \\ a_2^2 & a_1^2 & a_3^2 & a_4^2 \\ 0 & a_1^3 & a_3^3 & a_4^3 \\ 0 & a_1^4 & a_3^4 & a_4^4 \end{vmatrix} \\
&\quad + (-1)^1 \begin{vmatrix} 0 & a_1^1 & a_3^1 & a_4^1 \\ 0 & a_1^2 & a_3^2 & a_4^2 \\ a_2^3 & a_1^3 & a_3^3 & a_4^3 \\ 0 & a_1^4 & a_3^4 & a_4^4 \end{vmatrix} + (-1)^1 \begin{vmatrix} 0 & a_1^1 & a_3^1 & a_4^1 \\ 0 & a_1^2 & a_3^2 & a_4^2 \\ 0 & a_1^3 & a_3^3 & a_4^3 \\ a_2^4 & a_1^4 & a_3^4 & a_4^4 \end{vmatrix}
\end{aligned}
$$

$$
= (-1)^{1+0}\begin{vmatrix} a_2^1 & a_1^1 & a_3^1 & a_4^1 \\ 0 & a_1^2 & a_3^2 & a_4^2 \\ 0 & a_1^3 & a_3^3 & a_4^3 \\ 0 & a_1^4 & a_3^4 & a_4^4 \end{vmatrix} + (-1)^{1+1}\begin{vmatrix} a_2^2 & a_1^2 & a_3^2 & a_4^2 \\ 0 & a_1^1 & a_3^1 & a_4^1 \\ 0 & a_1^3 & a_3^3 & a_4^3 \\ 0 & a_1^4 & a_3^4 & a_4^4 \end{vmatrix}
$$

$$
+ (-1)^{1+2}\begin{vmatrix} a_2^3 & a_1^3 & a_3^3 & a_4^3 \\ 0 & a_1^1 & a_3^1 & a_4^1 \\ 0 & a_1^2 & a_3^2 & a_4^2 \\ 0 & a_1^4 & a_3^4 & a_4^4 \end{vmatrix} + (-1)^{1+3}\begin{vmatrix} a_2^4 & a_1^4 & a_3^4 & a_4^4 \\ 0 & a_1^1 & a_3^1 & a_4^1 \\ 0 & a_1^2 & a_3^2 & a_4^2 \\ 0 & a_1^3 & a_3^3 & a_4^3 \end{vmatrix}
$$

$$
= (-1)^{2+1}a_2^1\begin{vmatrix} a_1^2 & a_3^2 & a_4^2 \\ a_1^3 & a_3^3 & a_4^3 \\ a_1^4 & a_3^4 & a_4^4 \end{vmatrix} + (-1)^{2+2}a_2^2\begin{vmatrix} a_1^1 & a_3^1 & a_4^1 \\ a_1^3 & a_3^3 & a_4^3 \\ a_1^4 & a_3^4 & a_4^4 \end{vmatrix}
$$

$$
+ (-1)^{2+3}a_2^3\begin{vmatrix} a_1^1 & a_3^1 & a_4^1 \\ a_1^2 & a_3^2 & a_4^2 \\ a_1^4 & a_3^4 & a_4^4 \end{vmatrix} + (-1)^{2+4}a_2^4\begin{vmatrix} a_1^1 & a_3^1 & a_4^1 \\ a_1^2 & a_3^2 & a_4^2 \\ a_1^3 & a_3^3 & a_4^3 \end{vmatrix}
$$

と、第 2 列による 3 次の行列式での展開等式を得ました。$(-1)^{1+1} = 1$ を用いていますが、プラス・マイナスの符号が余因子の符号 (-1 の行番号と列番号の和乗) と一致していることに注意してください。他の列での展開等式も同様にして確かめることができますし、行についての展開等式は行列式の性質 (1) を用いて示せます。 ■

2 × 2 正方行列の場合は、1.2 節で証明しましたが、一般の正方行列についても次がなりたちます。

行列式の性質 (8)

2 つの $n \times n$ 行列 A, B について、$|AB| = |A| \times |B|$ がなりたつ。

証明　このことを証明するために、i 行 j 列成分が a_i^j である $n \times m$ 行列を記号 $(a_i^j)_{n\times m}$ で表す表し方を用います。この表し方を用いて、$A = (a_i^j)_{4\times 4}$, $B =$

$(b_i^j)_{4\times4}$。$AB=(c_i^j)_{4\times4}$ とすると、$c_i^j=\sum_{k=1}^{4}a_i^k b_k^j$ となりますので、

$$
\begin{aligned}
|AB| &= \sum_{(i_1,i_2,i_3,i_4)}^{(1,2,3,4)} sgn(i_1,i_2,i_3,i_4)c_1^{i_1}c_2^{i_2}c_3^{i_3}c_4^{i_4} \\
&= \sum_{(i_1,i_2,i_3,i_4)}^{(1,2,3,4)} sgn(i_1,i_2,i_3,i_4) \\
&\quad \times \left(\sum_{k_1=1}^{4} a_1^{k_1}b_{k_1}^{i_1}\right)\left(\sum_{k_2=1}^{4} a_1^{k_2}b_{k_2}^{i_2}\right)\left(\sum_{k_3=1}^{4} a_1^{k_3}b_{k_3}^{i_3}\right)\left(\sum_{k_4=1}^{4} a_1^{k_4}b_{k_4}^{i_4}\right) \\
&= \sum_{k_1=1}^{4}\sum_{k_2=1}^{4}\sum_{k_3=1}^{4}\sum_{k_4=1}^{4} a_1^{k_1}a_2^{k_2}a_3^{k_3}a_4^{k_4} \\
&\quad \times \sum_{(i_1,i_2,i_3,i_4)}^{(1,2,3,4)} sgn(i_1,i_2,i_3,i_4)b_{k_1}^{i_1}b_{k_2}^{i_2}b_{k_3}^{i_3}b_{k_4}^{i_4} \\
&= \sum_{k_1=1}^{4}\sum_{k_2=1}^{4}\sum_{k_3=1}^{4}\sum_{k_4=1}^{4} a_1^{k_1}a_2^{k_2}a_3^{k_3}a_4^{k_4}
\begin{vmatrix} b_{k_1}^1 & b_{k_1}^2 & b_{k_1}^3 & b_{k_1}^4 \\ b_{k_2}^1 & b_{k_2}^2 & b_{k_2}^3 & b_{k_2}^4 \\ b_{k_3}^1 & b_{k_3}^2 & b_{k_3}^3 & b_{k_3}^4 \\ b_{k_4}^1 & b_{k_4}^2 & b_{k_4}^3 & b_{k_4}^4 \end{vmatrix} \\
&= \sum_{(k_1,k_2,k_3,k_4)}^{(1,2,3,4)} a_1^{k_1}a_2^{k_2}a_3^{k_3}a_4^{k_4}
\begin{vmatrix} b_{k_1}^1 & b_{k_1}^2 & b_{k_1}^3 & b_{k_1}^4 \\ b_{k_2}^1 & b_{k_2}^2 & b_{k_2}^3 & b_{k_2}^4 \\ b_{k_3}^1 & b_{k_3}^2 & b_{k_3}^3 & b_{k_3}^4 \\ b_{k_4}^1 & b_{k_4}^2 & b_{k_4}^3 & b_{k_4}^4 \end{vmatrix} \\
&= \sum_{(k_1,k_2,k_3,k_4)}^{(1,2,3,4)} a_1^{k_1}a_2^{k_2}a_3^{k_3}a_4^{k_4} \times sgn(k_1,k_2,k_3,k_4)
\begin{vmatrix} b_1^1 & b_1^2 & b_1^3 & b_1^4 \\ b_2^1 & b_2^2 & b_2^3 & b_2^4 \\ b_3^1 & b_3^2 & b_3^3 & b_3^4 \\ b_4^1 & b_4^2 & b_4^3 & b_4^4 \end{vmatrix} \\
&= |A| \times |B|.
\end{aligned}
$$

最初の等号は、行列式の値の定義から、2 番目の等号は、和の順序の変更によりなりたちます。3 番目の等号は、(k_1,k_2,k_3,k_4) が置換でないときは行列式の値が 0 だからです。4 番目の等号は、行の順序を小さい順に入れ替えると符

号 $sgn(k_1, k_2, k_3, k_4)$ が出てくるからです。最後の等号は、行列式の値の定義からです。 ■

●章末問題

章末問題 3.1　4 個の数 $1, 2, 3, 4$ の 12 個の偶置換と 12 個の奇置換をそれぞれ書き並べてください。

章末問題 3.2　$f(t) = d_0 t^k + a_1 t^{k-1} + \cdots + a_{k-1} t + a_k$ という形をした t の関数を t の多項式といいます。$n \times n$ 行列 A と $n \times n$ 単位行列 E に対して、$C(t) = A - tE$ と置くと、$C(t)$ は t の多項式を成分とした $n \times n$ 行列です。$C(t)$ の余因子行列を $\widetilde{C(t)}$ と置くと、$\widetilde{C(t)}$ も t の多項式を成分とする $n \times n$ 行列です。A の固有多項式を $p(t) = |A - tE|$ と置くと、2.4 節の結論と同じように $\widetilde{C(t)}C(t) = p(t)E$ がなりたちます。このことを利用して、$p(t)$ の t に行列 A を代入すると、$p(A) = O$ (O は零行列) がなりたつことを示してください (ケーリー–ハミルトンの定理)。

第4章

LINEAR Matrix Determinant Vector ALGEBRA

n次元数ベクトル

4.1　n 次元数ベクトルとその線形結合

n を自然数とするとき、$n \times 1$ 実行列を n **次元数ベクトル**、あるいは、**ベクトル**といいます。n 次元数ベクトルを表すのに、$\boldsymbol{a} = \begin{pmatrix} a_1 \\ a_2 \\ \vdots \\ a_n \end{pmatrix}$, $\boldsymbol{b} = \begin{pmatrix} b_1 \\ b_2 \\ \vdots \\ b_n \end{pmatrix}$ のように太字を用いることがあります。そのとき、n 次元数ベクトルの和と定数倍は、

$$\boldsymbol{a} + \boldsymbol{b} = \begin{pmatrix} a_1 + b_1 \\ a_2 + b_2 \\ \vdots \\ a_n + b_n \end{pmatrix}, \qquad c\boldsymbol{a} = \begin{pmatrix} ca_1 \\ ca_2 \\ \vdots \\ ca_n \end{pmatrix}$$

となります。

$k+1$ 個の n 次元数ベクトルの間に、$\boldsymbol{b} = c_1\boldsymbol{a}_1 + c_2\boldsymbol{a}_2 + \cdots + c_k\boldsymbol{a}_k$ がなりたつとき、$\boldsymbol{b}$ は $\boldsymbol{a}_1, \boldsymbol{a}_2, \cdots, \boldsymbol{a}_k$ の**線形結合**として表せるといいます。

例　2 次元数ベクトル $\begin{pmatrix} 3 \\ 1 \end{pmatrix}$ は 2 つの 2 次元数ベクトル $\begin{pmatrix} 1 \\ 2 \end{pmatrix}, \begin{pmatrix} -1 \\ 3 \end{pmatrix}$ の線形結合として表せるでしょうか？　表せるものとして、$\begin{pmatrix} 3 \\ 1 \end{pmatrix} = x\begin{pmatrix} 1 \\ 2 \end{pmatrix} + y\begin{pmatrix} -1 \\ 3 \end{pmatrix}$ と置くと、連立 1 次方程式 $\begin{cases} x - y = 3 \\ 2x + 3y = 1 \end{cases}$ を得ます。これを解く

と、$x=2,\ y=-1$ が解です。実際、$\begin{pmatrix}3\\1\end{pmatrix}=2\times\begin{pmatrix}1\\2\end{pmatrix}-1\times\begin{pmatrix}-1\\3\end{pmatrix}$ がなりたっていますから、線形結合として表せるといえます。

例　3 次元数ベクトル $\begin{pmatrix}1\\0\\1\end{pmatrix}$ は 3 つの 3 次元数ベクトル $\begin{pmatrix}1\\1\\0\end{pmatrix}$, $\begin{pmatrix}0\\1\\1\end{pmatrix}$, $\begin{pmatrix}1\\0\\-1\end{pmatrix}$ の線形結合として表わすことができるでしょうか？　表せるものとして、$\begin{pmatrix}1\\0\\1\end{pmatrix}=x\begin{pmatrix}1\\1\\0\end{pmatrix}+y\begin{pmatrix}0\\1\\1\end{pmatrix}+z\begin{pmatrix}1\\0\\-1\end{pmatrix}$ と置くと、連立 1 次方程式 $\begin{cases}x+z=1\\x+y=0\\y-z=1\end{cases}$ を得ます。第 1 の等式と第 3 の等式の両辺を加えると、$x+y=2$ を得ますが、これは第 2 の等式と矛盾します。したがって、この連立 1 次方程式には解がありません。すなわち、$\begin{pmatrix}1\\0\\1\end{pmatrix}$ は、$\begin{pmatrix}1\\1\\0\end{pmatrix}$, $\begin{pmatrix}0\\1\\1\end{pmatrix}$, $\begin{pmatrix}1\\0\\-1\end{pmatrix}$ の線形結合として表わすことができないということです。

これらの例で見たように、線形結合として表せるかどうかは、表せるとして置いた等式から導かれる連立 1 次方程式に解があるかどうかで判定できます。ただし、解があるかどうかが容易にわかる場合もありますが、変数の個数が多くなると一般に容易ではありません。しかし、容易な判定法があります。それは後ほど学びます。

問題 4.1　4 つの 3 次元数ベクトル $\boldsymbol{a}_1=\begin{pmatrix}1\\1\\1\end{pmatrix}$, $\boldsymbol{a}_2=\begin{pmatrix}0\\1\\1\end{pmatrix}$, $\boldsymbol{a}_3=\begin{pmatrix}0\\0\\1\end{pmatrix}$, $\boldsymbol{a}_4=\begin{pmatrix}1\\0\\0\end{pmatrix}$ について、

(1) $\boldsymbol{a}_1$ は、$\boldsymbol{a}_2, \boldsymbol{a}_3$ の線形結合として表せますか？
(2) $\boldsymbol{a}_1$ は、$\boldsymbol{a}_2, \boldsymbol{a}_4$ の線形結合として表せますか？

4.2 線形従属、線形独立

k 個 (ただし、$k \geqq 2$) の数ベクトル $\boldsymbol{a}_1, \boldsymbol{a}_2, \cdots, \boldsymbol{a}_k$ の中のベクトルでそれ以外の $k-1$ 個のベクトルの線形結合として表すことができるものがあるとき、これら k 個のベクトルは互いに**線形従属である**といいます。また、$\boldsymbol{a}_1, \boldsymbol{a}_2, \cdots, \boldsymbol{a}_k$ のなかのベクトルでそれ以外の $k-1$ 個のベクトルの線形結合で表すことができるものがないとき、これら k 個のベクトルは互いに**線形独立である**といいます。$k=1$ のときは、$\boldsymbol{a}_1 = \boldsymbol{0}$ ならば、1 個の数ベクトル $\boldsymbol{a}_1$ は線形従属であるといい、$\boldsymbol{a}_1 \neq \boldsymbol{0}$ ならば、1 個の数ベクトル $\boldsymbol{a}_1$ は線形独立であるといいます。以下において、k 個の未知数 $x_1, x_2, \cdots, x_k$ についての数ベクトルの方程式 $x_1\boldsymbol{a}_1 + x_2\boldsymbol{a}_2 + \cdots + x_k\boldsymbol{a}_k = \boldsymbol{0}$ を考えます。

線形従属と線形独立の判定法

> k ($k \geqq 1$) 個の数ベクトル $\boldsymbol{a}_1, \boldsymbol{a}_2, \cdots, \boldsymbol{a}_k$ についての方程式 $x_1\boldsymbol{a}_1 + x_2\boldsymbol{a}_2 + \cdots + x_k\boldsymbol{a}_k = \boldsymbol{0}$ の解が $x_1 = x_2 = \cdots = x_k = 0$ だけであれば、$\boldsymbol{a}_1, \boldsymbol{a}_2, \cdots, \boldsymbol{a}_k$ は互いに線形独立であり、$x_1 = x_2 = \cdots = x_k = 0$ 以外の解があれば、$\boldsymbol{a}_1, \boldsymbol{a}_2, \cdots, \boldsymbol{a}_k$ は互いに線形従属である。

証明　まず、$k \geqq 2$ のときを考えます。$x_1 = x_2 = \cdots = x_k = 0$ 以外に解 $x_1 = c_1$, $x_2 = c_2$, $\cdots$, $x_{k-1} = c_{k-1}$, $x_k = c_k$ という解があるとします。例えば、$c_1 \neq 0$ とすると、$\boldsymbol{a}_1 = \dfrac{-c_2}{c_1}\boldsymbol{a}_2 + \cdots + \dfrac{-c_k}{c_1}\boldsymbol{a}_k$ と $\boldsymbol{a}_1$ は、$\boldsymbol{a}_2, \cdots, \boldsymbol{a}_k$ の線形結合として表せることになるので、$\boldsymbol{a}_1, \boldsymbol{a}_2, \cdots, \boldsymbol{a}_k$ は互いに線形従属です。逆に、$\boldsymbol{a}_1, \boldsymbol{a}_2, \cdots, \boldsymbol{a}_k$ は互いに線形従属であるとします。例えば、$\boldsymbol{a}_k$ が $\boldsymbol{a}_k = c_1\boldsymbol{a}_1 + c_2\boldsymbol{a}_2 + \cdots + c_{k-1}\boldsymbol{a}_{k-1}$ と線形結合として表せるならば、$c_1\boldsymbol{a}_1 + c_2\boldsymbol{a}_2 + \cdots + c_{k-1}\boldsymbol{a}_{k-1} + (-1)\boldsymbol{a}_k = \boldsymbol{0}$ がなりたちますから、$x_1 = c_1$, $x_2 = c_2$, $\cdots$, $x_{k-1} = c_{k-1}$, $x_k = -1$ は $x_1 = x_2 = \cdots = x_k = 0$ とは異なる解になります。このことは、$x_1 = x_2 = \cdots = x_k = 0$ とは異なる解がなければ、$\boldsymbol{a}_1, \boldsymbol{a}_2, \cdots, \boldsymbol{a}_k$ は

互いに線形独立であるということです。$k=1$ のときも、$x_1\boldsymbol{a}_1=\mathbf{0}$ が $x_1=0$ 以外に解をもつのは、$\boldsymbol{a}_1=\mathbf{0}$ のときだけです。 ■

$x_1=x_2=\cdots=x_k=0$ は方程式 $x_1\boldsymbol{a}_1+x_2\boldsymbol{a}_2+\cdots+x_k\boldsymbol{a}_k=\mathbf{0}$ の解であることは、面倒な計算をするまでもなく明らかですので、これを**自明な解**といいます。自明な解だけであれば互いに線形独立であり、自明な解のほかに解があれば互いに線形従属であるということです。ベクトルが互いに線形独立であるか互いに線形従属であるかの判定が、ベクトルについての 1 個の方程式の解を調べることでできるわけです。

例　3 つの 3 次元数ベクトル $\begin{pmatrix}1\\1\\0\end{pmatrix}, \begin{pmatrix}0\\1\\1\end{pmatrix}, \begin{pmatrix}1\\0\\1\end{pmatrix}$ は互いに線形独立でしょうか、それとも、互いに線形従属でしょうか？　ベクトルについての方程式 $x\begin{pmatrix}1\\1\\0\end{pmatrix}+y\begin{pmatrix}0\\1\\1\end{pmatrix}+z\begin{pmatrix}1\\0\\1\end{pmatrix}=\begin{pmatrix}0\\0\\0\end{pmatrix}$ を考えます。これより、連立 1 次方程式 $\begin{cases}x+z=0\\x+y=0\\y+z=0\end{cases}$ が得られます。3 つの等式の両辺を加えると、$2(x+y+z)=0$ ですから、$x+y+z=0$ となり、$x=y=z=0$ を得ます。自明な解だけですから、これら 3 つのベクトルは互いに線形独立です。

例　3 つの 3 次元数ベクトル $\begin{pmatrix}1\\1\\0\end{pmatrix}, \begin{pmatrix}0\\1\\1\end{pmatrix}, \begin{pmatrix}-1\\0\\1\end{pmatrix}$ は互いに線形独立でしょうか、それとも、互いに線形従属でしょうか？　ベクトルについての方程

式 $x\begin{pmatrix}1\\1\\0\end{pmatrix}+y\begin{pmatrix}0\\1\\1\end{pmatrix}+z\begin{pmatrix}-1\\0\\1\end{pmatrix}=\begin{pmatrix}0\\0\\0\end{pmatrix}$ を考えます。これより、連立 1 次方程式 $\begin{cases}x-z=0\\x+y=0\\y+z=0\end{cases}$ が得られます。$x=1,\ \ y=-1,\ \ z=1$ は自明でない解ですから、この 3 つのベクトルは互いに線形従属です。

問題 4.2 4 つの 3 次元数ベクトル $\boldsymbol{a}_1=\begin{pmatrix}1\\1\\1\end{pmatrix}$, $\boldsymbol{a}_2=\begin{pmatrix}0\\1\\1\end{pmatrix}$, $\boldsymbol{a}_3=\begin{pmatrix}0\\0\\1\end{pmatrix}$, $\boldsymbol{a}_4=\begin{pmatrix}1\\0\\0\end{pmatrix}$ について、

(1) 3 つのベクトル $\boldsymbol{a}_1,\boldsymbol{a}_2,\boldsymbol{a}_3$ は互いに線形独立でしょうか、それとも、互いに線形従属でしょうか？

(2) 3 つのベクトル $\boldsymbol{a}_1,2\boldsymbol{a}_2,3\boldsymbol{a}_4$ は互いに線形独立でしょうか、それとも、互いに線形従属でしょうか？

線形従属と線形独立の性質

行列の各列から定まるベクトルについて、それらが互いに線形従属であるか、互いに線形独立であるかは、行列の列を入れ替えても変わらず、行列の行を入れ替えても変わらない。

証明 わかりやすさのために、3×4 行列 $\begin{pmatrix}a_1&b_1&c_1&d_1\\a_2&b_2&c_2&d_2\\a_3&b_3&c_3&d_3\end{pmatrix}$ の場合を考えます。ベクトルについての方程式

$$x_1\begin{pmatrix}a_1\\a_2\\a_3\end{pmatrix}+x_2\begin{pmatrix}b_1\\b_2\\b_3\end{pmatrix}+x_3\begin{pmatrix}c_1\\c_2\\c_3\end{pmatrix}+x_4\begin{pmatrix}d_1\\d_2\\d_3\end{pmatrix}=\begin{pmatrix}0\\0\\0\end{pmatrix}$$

が自明な解だけをもつかどうかは、ベクトルの順序を入れ替えても変わらないからです。また、これを成分で書き表した連立 1 次方程式

$$\begin{cases} a_1x_1 + b_1x_2 + c_1x_3 + d_1x_4 = 0 \\ a_2x_1 + b_2x_2 + c_2x_3 + d_2x_4 = 0 \\ a_3x_1 + b_3x_2 + c_3x_3 + d_3x_4 = 0 \end{cases}$$

が自明な解だけをもつかどうかは、3 つの等式の順序を入れ替えても変わらないからです。■

4.3　行列の小行列式と行列のランク

行の個数も列の個数も k に等しいか k より多い行列から k 個の行と k 個の列を選んでできる k 次の行列式を、もとの行列の k 次の**小行列式**といいます。その小行列式を選び出した行および列をそれぞれ、その小行列式に**対応する行**および**対応する列**と呼ぶことにします。

例　4×3 行列 $\begin{pmatrix} 2 & 1 & 0 \\ -1 & -2 & 3 \\ 3 & 2 & -1 \\ 1 & 0 & 1 \end{pmatrix}$ の 3 次の小行列式には、第 1 行、第 2 行、第 3 行と第 1 列、第 2 列、第 3 列からできる $\begin{vmatrix} 2 & 1 & 0 \\ -1 & -2 & 3 \\ 3 & 2 & -1 \end{vmatrix}$、第 1 行、第 3 行、第 4 行と第 1 列、第 2 列、第 3 列からできる $\begin{vmatrix} 2 & 1 & 0 \\ 3 & 2 & -1 \\ 1 & 0 & 1 \end{vmatrix}$ などがあります。この行列の 2 次の小行列式には、第 1 行、第 2 行と第 1 列、第 2 列からできる $\begin{vmatrix} 2 & 1 \\ -1 & -2 \end{vmatrix}$ などがあります。$\begin{vmatrix} 3 & -1 \\ 1 & 1 \end{vmatrix}$ も 2 次の小行列式ですが、この 2 次の小行列式に対応する行は第 3 行と第 4 行、対応する列は第 1 列と第 3 列です。この行列の 1 次の小行列式は、この行列のそれぞれの成分です。

与えられた行列について、値が 0 でない小行列式の最大の次数を、その行列の**ランク**といいます。

例 4×3 行列 $\begin{pmatrix} 2 & 1 & 0 \\ -1 & -2 & 3 \\ 3 & 2 & -1 \\ 1 & 0 & 1 \end{pmatrix}$ の 3 次の小行列式は、

$$\begin{vmatrix} 2 & 1 & 0 \\ -1 & -2 & 3 \\ 3 & 2 & -1 \end{vmatrix} = 0, \quad \begin{vmatrix} 2 & 1 & 0 \\ -1 & -2 & 3 \\ 1 & 0 & 1 \end{vmatrix} = 0,$$

$$\begin{vmatrix} 2 & 1 & 0 \\ 3 & 2 & -1 \\ 1 & 0 & 1 \end{vmatrix} = 0, \quad \begin{vmatrix} -1 & -2 & 3 \\ 3 & 2 & -1 \\ 1 & 0 & 1 \end{vmatrix} = 0$$

と、すべて値が 0 になっています。2 次の小行列式では値が 0 でないものがあります。したがって、この行列のランクは 2 です。

行列のランクについて次のことがなりたちます。

行列のランクの性質 (1)

行列のランクは、行列の行の順序を入れ替えても、列の順序を入れ替えてもかわらない。

行列のランクの性質 (2)

行列のランクが k であれば、値が 0 でない k 次の小行列式がある。また、$k+1$ 次の小行列式がないか、あるいはあっても、その値は 0 である。

4.4　行列のランクと列ベクトルの線形独立、線形従属

3 つの 4 次元数ベクトル $\boldsymbol{a} = \begin{pmatrix} a_1 \\ a_2 \\ a_3 \\ a_4 \end{pmatrix}$, $\boldsymbol{b} = \begin{pmatrix} b_1 \\ b_2 \\ b_3 \\ b_4 \end{pmatrix}$, $\boldsymbol{c} = \begin{pmatrix} c_1 \\ c_2 \\ c_3 \\ a_4 \end{pmatrix}$ を並べてつくる 4×3 行列 $\begin{pmatrix} a_1 & b_1 & c_1 \\ a_2 & b_2 & c_2 \\ a_3 & b_3 & c_3 \\ a_4 & b_4 & c_4 \end{pmatrix}$ を 記号 $\begin{pmatrix} \boldsymbol{a} & \boldsymbol{b} & \boldsymbol{c} \end{pmatrix}$ で表すことにします。このようなベクトルを成分とする行列を用いると便利です。

行列のランクと列ベクトルの線形結合性 (1)

> 3 つの 4 次元数ベクトル $\boldsymbol{a}, \boldsymbol{b}, \boldsymbol{c}$ について、4×2 行列 $\begin{pmatrix} \boldsymbol{a} & \boldsymbol{b} \end{pmatrix}$ のランクと 4×3 行列 $\begin{pmatrix} \boldsymbol{a} & \boldsymbol{b} & \boldsymbol{c} \end{pmatrix}$ のランクがともに 2 であれば、$\boldsymbol{c}$ は $\boldsymbol{a}, \boldsymbol{b}$ の線形結合として表せる。

証明　この行列を P として、成分で書くと、$P = \begin{pmatrix} a_1 & b_1 & c_1 \\ a_2 & b_2 & c_2 \\ a_3 & b_3 & c_3 \\ a_4 & b_4 & c_4 \end{pmatrix}$ となります。$\begin{vmatrix} a_1 & b_1 \\ a_2 & b_2 \end{vmatrix}$ が値が 0 でない 2 次の小行列式である場合を証明します。そうでない場合は行の順番を入れ替えればよいわけです。値が 0 となる 4 つの 3 次の行列式を考えます。その第 1 行と第 2 行は、値が 0 でない 2 次の小行列式に対応する P の第 1 行、第 2 行とし、その第 3 行は P の各行を順次置き換えたものとします。これらの 3 次の行列式を、第 3 行で展開します。ただし、値が 0 でない 2 次の小行列式に対応する P の第 1 行、第 2 行からできる 2 次の小行列式を $A = \begin{vmatrix} b_1 & c_1 \\ b_2 & c_2 \end{vmatrix}$, $B = \begin{vmatrix} a_1 & c_1 \\ a_2 & c_2 \end{vmatrix}$, $C = \begin{vmatrix} a_1 & b_1 \\ a_2 & b_2 \end{vmatrix}$ と置きます。

$$\begin{vmatrix} a_1 & b_1 & c_1 \\ a_2 & b_2 & c_2 \\ a_1 & b_1 & c_1 \end{vmatrix} = a_1A - b_1B + c_1C = 0,$$

$$\begin{vmatrix} a_1 & b_1 & c_1 \\ a_2 & b_2 & c_2 \\ a_2 & b_2 & c_2 \end{vmatrix} = a_2A - b_2B + c_2C = 0,$$

$$\begin{vmatrix} a_1 & b_1 & c_1 \\ a_2 & b_2 & c_2 \\ a_3 & b_3 & c_3 \end{vmatrix} = a_3A - b_3B + c_3C = 0,$$

$$\begin{vmatrix} a_1 & b_1 & c_1 \\ a_2 & b_2 & c_2 \\ a_4 & b_4 & c_4 \end{vmatrix} = a_4A - b_4B + c_4C = 0.$$

1 番目と 2 番目の 3 次の行列式の値が 0 であるのは、2 つの行が同じだからです。3 番目と 4 番目の 3 次の行列式の値が 0 であるのは、すべての 3 次の小行列式の値が 0 であるという条件からです。これより

$$A\begin{pmatrix} a_1 \\ a_2 \\ a_3 \\ a_4 \end{pmatrix} - B\begin{pmatrix} b_1 \\ b_2 \\ b_3 \\ b_4 \end{pmatrix} + C\begin{pmatrix} c_1 \\ c_2 \\ c_3 \\ c_4 \end{pmatrix} = \begin{pmatrix} 0 \\ 0 \\ 0 \\ 0 \end{pmatrix}$$

がなりたちます。$C \neq 0$ ですから、$\boldsymbol{c} = \dfrac{-A}{C}\boldsymbol{a} + \dfrac{B}{C}\boldsymbol{b}$ と線形結合として表せます。 ■

これを一般化したのが次のものです。

行列のランクと列ベクトルの線形結合性 (2)

$n \geqq k+1$ とする。$k+1$ 個の n 次元数ベクトル $\boldsymbol{a}_1, \boldsymbol{a}_2, \cdots, \boldsymbol{a}_k, \boldsymbol{a}_{k+1}$ について、$n \times k$ 行列 $\begin{pmatrix} \boldsymbol{a}_1 & \boldsymbol{a}_2 & \cdots & \boldsymbol{a}_k \end{pmatrix}$ のランクと $n \times (k+1)$ 行列 $\begin{pmatrix} \boldsymbol{a}_1 & \boldsymbol{a}_2 & \cdots & \boldsymbol{a}_k & \boldsymbol{a}_{k+1} \end{pmatrix}$ のランクがともに k ならば、$\boldsymbol{a}_{k+1}$ は $\boldsymbol{a}_1, \boldsymbol{a}_2, \cdots, \boldsymbol{a}_k$ の線形結合として表せる。

証明　$k=2, n=4$ のときは証明しました。証明の基本的な考え方は変わりませんが、$k=3, n=5$ のときの証明を加えておきます。この場合は、5×4 行列 $\begin{pmatrix} a_1 & b_1 & c_1 & d_1 \\ a_2 & b_2 & c_2 & d_2 \\ a_3 & b_3 & c_3 & d_3 \\ a_4 & b_4 & c_4 & d_4 \\ a_5 & b_5 & c_5 & d_5 \end{pmatrix}$ の 4 次の小行列式の値はすべて 0 であり、5×3 行列 $\begin{pmatrix} a_1 & b_1 & c_1 \\ a_2 & b_2 & c_2 \\ a_3 & b_3 & c_3 \\ a_4 & b_4 & c_4 \\ a_5 & b_5 & c_5 \end{pmatrix}$ には値が 0 でない 3 次の小行列式があるというのが条件になります。$\begin{vmatrix} a_1 & b_1 & c_1 \\ a_2 & b_2 & c_2 \\ a_3 & b_3 & c_3 \end{vmatrix}$ が値が 0 でない 3 次の小行列式である場合を考えます。

$$A = \begin{vmatrix} b_1 & c_1 & d_1 \\ b_2 & c_2 & d_2 \\ b_3 & c_3 & d_3 \end{vmatrix}, \qquad B = \begin{vmatrix} a_1 & c_1 & d_1 \\ a_2 & c_2 & d_2 \\ a_3 & c_3 & d_3 \end{vmatrix},$$

$$C = \begin{vmatrix} a_1 & b_1 & d_1 \\ a_2 & b_2 & d_2 \\ a_3 & b_3 & d_3 \end{vmatrix}, \qquad D = \begin{vmatrix} a_1 & b_1 & c_1 \\ a_2 & b_2 & c_2 \\ a_3 & b_3 & c_3 \end{vmatrix}$$

と置きます。値が 0 となる 5 つの 4 次の行列式を考えます。第 4 行の成分だけが異なる次の 5 つの 4 次の行列式 (いずれも値は 0 になる) を第 4 行で展開します。

$$\begin{vmatrix} a_1 & b_1 & c_1 & d_1 \\ a_2 & b_2 & c_2 & d_2 \\ a_3 & b_3 & c_3 & d_3 \\ a_1 & b_1 & c_1 & d_1 \end{vmatrix} = a_1A - b_1B + c_1C - d_1D = 0,$$

$$\begin{vmatrix} a_1 & b_1 & c_1 & d_1 \\ a_2 & b_2 & c_2 & d_2 \\ a_3 & b_3 & c_3 & d_3 \\ a_2 & b_2 & c_2 & d_2 \end{vmatrix} = a_2A - b_2B + c_2C - d_2D = 0,$$

$$\begin{vmatrix} a_1 & b_1 & c_1 & d_1 \\ a_2 & b_2 & c_2 & d_2 \\ a_3 & b_3 & c_3 & d_3 \\ a_3 & b_3 & c_3 & d_3 \end{vmatrix} = a_3A - b_3B + c_3C - d_3D = 0,$$

$$\begin{vmatrix} a_1 & b_1 & c_1 & d_1 \\ a_2 & b_2 & c_2 & d_2 \\ a_3 & b_3 & c_3 & d_3 \\ a_4 & b_4 & c_4 & d_4 \end{vmatrix} = a_4A - b_4B + c_4C - d_4D = 0,$$

$$\begin{vmatrix} a_1 & b_1 & c_1 & d_1 \\ a_2 & b_2 & c_2 & d_2 \\ a_3 & b_3 & c_3 & d_3 \\ a_5 & b_5 & c_5 & d_5 \end{vmatrix} = a_5A - b_5B + c_5C - d_5D = 0$$

がなりたちます。1 番目と 2 番目と 3 番目の 4 次の行列式の値が 0 であるのは、2 つの行が同じだからです。4 番目と 5 番目の 4 次の行列式の値が 0 であるのは、すべての 4 次の小行列式の値が 0 であるという条件からです。これ

より、

$$A\begin{pmatrix} a_1 \\ a_2 \\ a_3 \\ a_4 \\ a_5 \end{pmatrix} - B\begin{pmatrix} b_1 \\ b_2 \\ b_3 \\ b_4 \\ b_5 \end{pmatrix} + C\begin{pmatrix} c_1 \\ c_2 \\ c_3 \\ c_4 \\ c_5 \end{pmatrix} - D\begin{pmatrix} d_1 \\ d_2 \\ d_3 \\ d_4 \\ d_5 \end{pmatrix} = \begin{pmatrix} 0 \\ 0 \\ 0 \\ 0 \\ 0 \end{pmatrix}$$

がなりたちます。$D \neq 0$ ですから、$\boldsymbol{d} = \dfrac{A}{D}\boldsymbol{a} + \dfrac{-B}{D}\boldsymbol{b} + \dfrac{-C}{D}\boldsymbol{c}$ と線形結合として表せます。$k = 1$ の場合 (章末問題 4.1) や $k = 4$ 以上の場合も、同じ考え方のもとで証明できます。 ■

上のことから、次のことがなりたちます。証明には前節の最後に示した行列のランクの性質 (1), (2) を用います。

行列のランクと列ベクトルの線形従属性 (1)

> $k \geqq 2$ とする。k 個の n 次元数ベクトル $\boldsymbol{a}_1, \boldsymbol{a}_2, \cdots, \boldsymbol{a}_k$ は、$n \times k$ 行列 $\begin{pmatrix} \boldsymbol{a}_1 & \boldsymbol{a}_2 & \cdots & \boldsymbol{a}_k \end{pmatrix}$ のランクが $k-1$ 以下ならば、互いに線形従属である。

証明　$n \times k$ 行列 $\begin{pmatrix} \boldsymbol{a}_1 & \boldsymbol{a}_2 & \cdots & \boldsymbol{a}_k \end{pmatrix}$ のランクを h とすれば、条件より、$h \leqq k-1$ です。行列 $\begin{pmatrix} \boldsymbol{a}_1 & \boldsymbol{a}_2 & \cdots & \boldsymbol{a}_k \end{pmatrix}$ には値が 0 でない h 次の小行列式がありますので、値が 0 でない h 次の小行列式に対応する h 個のベクトルを (番号を変更して) $\boldsymbol{a}_1, \boldsymbol{a}_2, \cdots, \boldsymbol{a}_h$ とします。また、行列もこの順に並べ替えます。行列 $\begin{pmatrix} \boldsymbol{a}_1 & \boldsymbol{a}_2 & \cdots & \boldsymbol{a}_h & \boldsymbol{a}_{h+1} \end{pmatrix}$ に $h+1$ 次の小行列式がある場合、その値はすべて 0 ですから、$\boldsymbol{a}_{h+1}$ は $\boldsymbol{a}_1, \boldsymbol{a}_2, \cdots, \boldsymbol{a}_h$ の線形結合として表わすことができます。行列 $\begin{pmatrix} \boldsymbol{a}_1 & \boldsymbol{a}_2 & \cdots & \boldsymbol{a}_h & \boldsymbol{a}_{h+1} \end{pmatrix}$ に $h+1$ 次の小行列式がない場合は、$h+1$ 次の行列式の値は $\begin{vmatrix} \boldsymbol{a}_1 & \boldsymbol{a}_2 & \cdots & \boldsymbol{a}_h & \boldsymbol{a}_{h+1} \\ 0 & 0 & \cdots & 0 & 0 \end{vmatrix} = 0$ ですから、$\begin{pmatrix} \boldsymbol{a}_{h+1} \\ 0 \end{pmatrix}$ は $\begin{pmatrix} \boldsymbol{a}_1 \\ 0 \end{pmatrix}, \begin{pmatrix} \boldsymbol{a}_2 \\ 0 \end{pmatrix}, \cdots, \begin{pmatrix} \boldsymbol{a}_h \\ 0 \end{pmatrix}$ の線形結合として表せます。し

たがって、$\boldsymbol{a}_{h+1}$ は、$\boldsymbol{a}_1, \boldsymbol{a}_2, \cdots, \boldsymbol{a}_h$ の線形結合として表せます。いずれの場合も、k 個のベクトル $\boldsymbol{a}_1, \boldsymbol{a}_2, \cdots, \boldsymbol{a}_k$ は互いに線形従属です。 ■

行列式の性質から、逆に次がなりたちます。

行列のランクと列ベクトルの線形従属性 (2)

$k \geqq 2$ とする。k 個の n 次元数ベクトル $\boldsymbol{a}_1, \boldsymbol{a}_2, \cdots, \boldsymbol{a}_k$ が互いに線形従属であれば、$n \times k$ 行列 $\begin{pmatrix} \boldsymbol{a}_1 & \boldsymbol{a}_2 & \cdots & \boldsymbol{a}_k \end{pmatrix}$ のランクは $k-1$ 以下である。

証明 条件より、この中のいずれかのベクトルが残りの $k-1$ 個のベクトルの線形結合として表せます。そのベクトルを、ベクトルの番号を変更して $\boldsymbol{a}_k$ とします。したがって、$\boldsymbol{a}_k = c_1\boldsymbol{a}_1 + c_2\boldsymbol{a}_2 + \cdots + c_{k-1}\boldsymbol{a}_{k-1}$ と線形結合として表せます。行列 $\begin{pmatrix} \boldsymbol{a}_1 & \boldsymbol{a}_2 & \cdots & \boldsymbol{a}_k \end{pmatrix}$ の k 次の小行列式の 1 つを考え、その第 1 列の c_1 倍を第 k 列から引き、その第 2 列の c_2 倍を第 k 列から引き、$\cdots$、その第 $k-1$ 列の c_{k-1} 倍を第 k 列から引くと、第 k 列のすべての成分が 0 になりますから、その k 次の小行列式の値は 0 になります。このようにすべての k 次の小行列式の値が 0 になります。すなわち、$n \times k$ 行列 $\begin{pmatrix} \boldsymbol{a}_1 & \boldsymbol{a}_2 & \cdots & \boldsymbol{a}_k \end{pmatrix}$ のランクは $k-1$ 以下になります。 ■

このことは、値が 0 でない k 次の小行列式がある場合に、クラメルの公式 (2.3 節) を利用して、ベクトルについての方程式が自明な解だけであることを導くことによっても、示すことができます。以上の 2 つのことより、次がなりたちます。

行列のランクと列ベクトルの線形従属性 (3)

$k \geqq 2$ とする。k 個の n 次元数ベクトル $\boldsymbol{a}_1, \boldsymbol{a}_2, \cdots, \boldsymbol{a}_k$ が互いに線形従属であるための必要十分条件は、$n \times k$ 行列 $\begin{pmatrix} \boldsymbol{a}_1 & \boldsymbol{a}_2 & \cdots & \boldsymbol{a}_k \end{pmatrix}$ のランクが $k-1$ 以下であることである。

このことをさらに言い直すと、次のようになります。

行列のランクと列ベクトルの線形独立性

$k \geqq 2$ とする。k 個の n 次元数ベクトル $\boldsymbol{a}_1, \boldsymbol{a}_2, \cdots, \boldsymbol{a}_k$ が互いに線形独立であるための必要十分条件は、$n \times k$ 行列 $\begin{pmatrix} \boldsymbol{a}_1 & \boldsymbol{a}_2 & \cdots & \boldsymbol{a}_k \end{pmatrix}$ のランクが k であることである。

さらに、このことから、次がなりたちます。

行列のランクと列ベクトルの線形独立な最大個数

$k \geqq 2$ とする。k 個の n 次元数ベクトル $\boldsymbol{a}_1, \boldsymbol{a}_2, \cdots, \boldsymbol{a}_k$ を並べてできる $n \times k$ 行列 $\begin{pmatrix} \boldsymbol{a}_1 & \boldsymbol{a}_2 & \cdots & \boldsymbol{a}_k \end{pmatrix}$ のランクは、ベクトルの集合 $\boldsymbol{a}_1, \boldsymbol{a}_2, \cdots, \boldsymbol{a}_k$ の中から取り出す互いに線形独立なベクトルの最大個数と一致する。

証明　行列 $\begin{pmatrix} \boldsymbol{a}_1 & \boldsymbol{a}_2 & \cdots & \boldsymbol{a}_k \end{pmatrix}$ のランクを h とすると、値が 0 でない h 次の小行列式があります。前の結論から、その小行列式に対応する $\boldsymbol{a}_1, \boldsymbol{a}_2, \cdots, \boldsymbol{a}_k$ の中の h 個のベクトルは互いに線形独立です。また、$\boldsymbol{a}_1, \boldsymbol{a}_2, \cdots, \boldsymbol{a}_k$ の中の $h+1$ 個のベクトルは、それからできる $n \times (h+1)$ 行列のランクは h 以下ですから、同じく前の結論から、互いに線形従属です。したがって、$\boldsymbol{a}_1, \boldsymbol{a}_2, \cdots, \boldsymbol{a}_k$ の中から取り出す線形独立なベクトルの最大個数は h です。 ■

4.5 張られるベクトル空間とその次元

k 個の数ベクトル $\boldsymbol{a}_1, \boldsymbol{a}_2, \cdots, \boldsymbol{a}_k$ の線形結合で表せる数ベクトルの全体の集合を記号 $\mathrm{L}(\boldsymbol{a}_1, \boldsymbol{a}_2, \cdots, \boldsymbol{a}_k)$ で表し、$\boldsymbol{a}_1, \boldsymbol{a}_2, \cdots, \boldsymbol{a}_k$ で**張られるベクトル空間**といい、$\boldsymbol{a}_1, \boldsymbol{a}_2, \cdots, \boldsymbol{a}_k$ をこの張られるベクトル空間の**生成ベクトル**といいます。

$$\mathrm{L}(\boldsymbol{a}_1, \boldsymbol{a}_2, \cdots, \boldsymbol{a}_k) = \{x_1\boldsymbol{a}_1 + x_2\boldsymbol{a}_2 + \cdots + x_k\boldsymbol{a}_k \mid x_1, x_2, \cdots, x_k \text{は実数}\}$$

張られるベクトル空間は、生成ベクトルの順序を入れ替えても、変わりません。さらに、次がなりたちます。

張られるベクトル空間の性質 (1)

$k \geqq 1$ とする。k 個の数ベクトル $\boldsymbol{a}_1, \boldsymbol{a}_2, \cdots, \boldsymbol{a}_k$ で張られるベクトル空間 $\mathrm{L}(\boldsymbol{a}_1, \boldsymbol{a}_2, \cdots, \boldsymbol{a}_k)$ に属する $k+1$ 個の数ベクトルは互いに線形従属である。

証明 $k = 3$ の場合を示します。$\mathrm{L}(\boldsymbol{a}_1, \boldsymbol{a}_2, \boldsymbol{a}_3)$ に属する 4 個のベクトルを $\boldsymbol{b}_1, \boldsymbol{b}_2, \boldsymbol{b}_3, \boldsymbol{b}_4$ とすると、

$$\boldsymbol{b}_1 = c_{11}\boldsymbol{a}_1 + c_{12}\boldsymbol{a}_2 + c_{13}\boldsymbol{a}_3, \qquad \boldsymbol{b}_2 = c_{21}\boldsymbol{a}_1 + c_{22}\boldsymbol{a}_2 + c_{23}\boldsymbol{a}_3,$$

$$\boldsymbol{b}_3 = c_{31}\boldsymbol{a}_1 + c_{32}\boldsymbol{a}_2 + c_{33}\boldsymbol{a}_3, \qquad \boldsymbol{b}_4 = c_{41}\boldsymbol{a}_1 + c_{42}\boldsymbol{a}_2 + c_{43}\boldsymbol{a}_3 + c_{44}\boldsymbol{a}_4$$

と表せます。$\begin{vmatrix} c_{11} & c_{21} & c_{31} & c_{41} \\ c_{12} & c_{22} & c_{32} & c_{42} \\ c_{13} & c_{23} & c_{33} & c_{43} \\ 0 & 0 & 0 & 0 \end{vmatrix} = 0$ ですから、4.3 節の結論より、この 4 次の行列式の各列から定まる 4 個の 4 次元数ベクトルは互いに線形従属です。

したがって、$x_1 \begin{pmatrix} c_{11} \\ c_{12} \\ c_{13} \\ 0 \end{pmatrix} + x_2 \begin{pmatrix} c_{21} \\ c_{22} \\ c_{23} \\ 0 \end{pmatrix} + x_3 \begin{pmatrix} c_{31} \\ c_{32} \\ c_{33} \\ 0 \end{pmatrix} + x_4 \begin{pmatrix} c_{41} \\ c_{42} \\ c_{43} \\ 0 \end{pmatrix} = \begin{pmatrix} 0 \\ 0 \\ 0 \\ 0 \end{pmatrix}$ には自明な解とは異なる解があります。その自明な解と異なる解 x_1, x_2, x_3, x_4 について、

$$x_1\boldsymbol{b}_1 + x_2\boldsymbol{b}_2 + x_3\boldsymbol{b}_3 + x_4\boldsymbol{b}_4$$

$$= \begin{pmatrix} x_1 & x_2 & x_3 & x_4 \end{pmatrix} \begin{pmatrix} \boldsymbol{b}_1 \\ \boldsymbol{b}_2 \\ \boldsymbol{b}_3 \\ \boldsymbol{b}_4 \end{pmatrix}$$

$$= \begin{pmatrix} x_1 & x_2 & x_3 & x_4 \end{pmatrix} \begin{pmatrix} c_{11} & c_{12} & c_{13} \\ c_{21} & c_{22} & c_{23} \\ c_{31} & c_{32} & c_{33} \\ c_{41} & c_{42} & c_{43} \end{pmatrix} \begin{pmatrix} \boldsymbol{a}_1 \\ \boldsymbol{a}_2 \\ \boldsymbol{a}_3 \end{pmatrix}$$

$$= \begin{pmatrix} 0 & 0 & 0 \end{pmatrix} \begin{pmatrix} \boldsymbol{a}_1 \\ \boldsymbol{a}_2 \\ \boldsymbol{a}_3 \end{pmatrix} = \boldsymbol{0}$$

がなりたちますので、$\boldsymbol{b}_1, \boldsymbol{b}_2, \boldsymbol{b}_3, \boldsymbol{b}_4$ は互いに線形従属ということになります。このことは、k が 3 以上のときも同様に示すことができます。■

$\mathrm{L}(\boldsymbol{a}_1, \boldsymbol{a}_2, \cdots, \boldsymbol{a}_k)$ に属する数ベクトルで互いに線形独立になるものの最大個数を $\mathrm{L}(\boldsymbol{a}_1, \boldsymbol{a}_2, \cdots, \boldsymbol{a}_k)$ の**次元**といいます。

張られるベクトル空間の性質 (2)

k 個の数ベクトル $\boldsymbol{a}_1, \boldsymbol{a}_2, \cdots, \boldsymbol{a}_k$ が互いに線形独立であるとき、$\mathrm{L}(\boldsymbol{a}_1, \boldsymbol{a}_2, \cdots, \boldsymbol{a}_k)$ の次元は k である。

証明　$\mathrm{L}(\boldsymbol{a}_1, \boldsymbol{a}_2, \cdots, \boldsymbol{a}_k)$ に属する $k+1$ 個以上の数ベクトルは互いに線形従属になるから、$\mathrm{L}(\boldsymbol{a}_1, \boldsymbol{a}_2, \cdots, \boldsymbol{a}_k)$ に属するベクトルで線形独立になる個数の最大値は k となるからです。■

例　3 次元数ベクトルの全体がつくる集合を記号 R^3 で表します。3 次元数ベクトルは

$$\begin{pmatrix} x_1 \\ x_2 \\ x_3 \end{pmatrix} = x_1 \begin{pmatrix} 1 \\ 0 \\ 0 \end{pmatrix} + x_2 \begin{pmatrix} 0 \\ 1 \\ 0 \end{pmatrix} + x_3 \begin{pmatrix} 0 \\ 0 \\ 1 \end{pmatrix}$$

と 3 個のベクトルの線形結合で表せますから、

$$\mathrm{R}^3 = \mathrm{L}\left(\begin{pmatrix}1\\0\\0\end{pmatrix}, \begin{pmatrix}0\\1\\0\end{pmatrix}, \begin{pmatrix}0\\0\\1\end{pmatrix}\right)$$

がなりたちます。これらの 3 個の数ベクトルは互いに線形独立ですから、R^3 は 3 次元です。つまり、3 次元数ベクトルの全体は 3 次元です。数を 3 つ縦に並べたものだから 3 次元数ベクトルと呼んだのですが、互いに線形独立になるのは 3 個までであるという性質が 3 次元の意味だったわけです。同じように、n 次元数ベクトルの全体 R^n は n 次元になります。

張られるベクトル空間の性質 (3)

k 個の数ベクトル $\boldsymbol{a}_1, \boldsymbol{a}_2, \cdots, \boldsymbol{a}_{k-1}, \boldsymbol{a}_k$ において、$\boldsymbol{a}_k$ が $\boldsymbol{a}_1, \boldsymbol{a}_2, \cdots, \boldsymbol{a}_{k-1}$ の線形結合として表されるとき、

$$\mathrm{L}(\boldsymbol{a}_1, \boldsymbol{a}_2, \cdots, \boldsymbol{a}_{k-1}) = \mathrm{L}(\boldsymbol{a}_1, \boldsymbol{a}_2, \cdots, \boldsymbol{a}_{k-1}, \boldsymbol{a}_k)$$

がなりたつ。つまり、生成ベクトルのなかから、線形結合として表せるベクトルを取り去っても、張られるベクトル空間はかわらない。

証明 $\boldsymbol{a}_k = c_1\boldsymbol{a}_1 + c_2\boldsymbol{a}_2 + \cdots + c_{k-1}\boldsymbol{a}_{k-1}$ と表せたとすると、次の等式がなりたちます。

$$\begin{aligned} &x_1\boldsymbol{a}_1 + x_2\boldsymbol{a}_2 + \cdots + x_{k-1}\boldsymbol{a}_{k-1} + x_k\boldsymbol{a}_k \\ &\quad = (x_1 + c_1x_k)\boldsymbol{a}_1 + (x_2 + c_2x_k)\boldsymbol{a}_2 + \cdots + (x_{k-1} + c_{k-1}x_k)\boldsymbol{a}_{k-1}. \end{aligned}$$

これにより、$\mathrm{L}(\boldsymbol{a}_1, \boldsymbol{a}_2, \cdots, \boldsymbol{a}_{k-1}, \boldsymbol{a}_k)$ に属するベクトルは $\mathrm{L}(\boldsymbol{a}_1, \boldsymbol{a}_2, \cdots, \boldsymbol{a}_{k-1})$ に属することがいえますし、$\mathrm{L}(\boldsymbol{a}_1, \boldsymbol{a}_2, \cdots, \boldsymbol{a}_{k-1})$ に属するベクトルが $\mathrm{L}(\boldsymbol{a}_1, \boldsymbol{a}_2, \cdots, \boldsymbol{a}_{k-1}, \boldsymbol{a}_k)$ に属することは明かですので、両者は一致します。 ■

線形結合として表せる十分条件

$k+1$ 個の n 次元数ベクトル $\boldsymbol{a}_1, \boldsymbol{a}_2, \cdots, \boldsymbol{a}_k, \boldsymbol{a}_{k+1}$ について、$\boldsymbol{a}_1, \boldsymbol{a}_2, \cdots, \boldsymbol{a}_k$ が互いに線形独立であり、$\boldsymbol{a}_1, \boldsymbol{a}_2, \cdots, \boldsymbol{a}_k, \boldsymbol{a}_{k+1}$ が互いに線形従属であれば、$\boldsymbol{a}_{k+1}$ は $\boldsymbol{a}_1, \boldsymbol{a}_2, \cdots, \boldsymbol{a}_k$ の線形結合として表すことができる。

証明　ベクトルについての方程式 $x_1\boldsymbol{a}_1 + x_2\boldsymbol{a}_2 + \cdots + x_k\boldsymbol{a}_k + x_{k+1}\boldsymbol{a}_{k+1} = \boldsymbol{0}$ を考えます。この方程式の解 $x_1, x_2, \cdots, x_k, x_{k+1}$ はすべて $x_{k+1} = 0$ であると仮定すれば、$x_1\boldsymbol{a}_1 + x_2\boldsymbol{a}_2 + \cdots + x_k\boldsymbol{a}_k = \boldsymbol{0}$ がなりたつことになり、$\boldsymbol{a}_1, \boldsymbol{a}_2, \cdots, \boldsymbol{a}_k$ が互いに線形独立ですから、$x_1 = x_2 = \cdots = x_k = 0$ となります。すなわち、$x_1 = x_2 = \cdots = x_k = x_{k+1} = 0$ ということになり、$\boldsymbol{a}_1, \boldsymbol{a}_2, \cdots, \boldsymbol{a}_k, \boldsymbol{a}_{k+1}$ が互いに線形独立ということになりますので、矛盾です。したがって、解 $x_1 = c_1,\ x_2 = c_2,\ \cdots,\ x_k = c_k,\ x_{k+1} = c_{k+1}$ で $c_{k+1} \neq 0$ となるなるものがあるということです。ゆえに、

$$\boldsymbol{a}_{k+1} = -\frac{c_1}{c_{k+1}}\boldsymbol{a}_1 - \frac{c_2}{c_{k+1}}\boldsymbol{a}_2 - \cdots - \frac{c_k}{c_{k+1}}\boldsymbol{a}_k$$

と線形結合として表すことができます。 ■

張られるベクトル空間の次元

k 個の数ベクトル $\boldsymbol{a}_1, \boldsymbol{a}_2, \cdots, \boldsymbol{a}_{k-1}, \boldsymbol{a}_k$ で張られるベクトル空間 $\mathrm{L}(\boldsymbol{a}_1, \boldsymbol{a}_2, \cdots, \boldsymbol{a}_k)$ の次元は、k 個の数ベクトル $\boldsymbol{a}_1, \boldsymbol{a}_2, \cdots, \boldsymbol{a}_{k-1}, \boldsymbol{a}_k$ から取り出される互いに線形独立なベクトルの個数の最大値と一致する。

証明　$\boldsymbol{a}_1, \boldsymbol{a}_2, \cdots, \boldsymbol{a}_k$ から取り出すことができる互いに線形独立なベクトルの最大個数を h とします。$h = k$ のときは結論がなりたっていますので、$h < k$ とし、例えば、$\boldsymbol{a}_1, \boldsymbol{a}_2, \cdots, \boldsymbol{a}_h$ が互いに線形独立であるとします。$h+1$ 個のベクトル $\boldsymbol{a}_1, \boldsymbol{a}_2, \cdots, \boldsymbol{a}_h, \boldsymbol{a}_k$ は互いに線形従属ですから、$\boldsymbol{a}_k$ は $\boldsymbol{a}_1, \boldsymbol{a}_2, \cdots, \boldsymbol{a}_h$ の線形結合として表せます。したがって、$\boldsymbol{a}_k$ は $k-1$ 個のベクトル $\boldsymbol{a}_1, \boldsymbol{a}_2, \cdots, \boldsymbol{a}_h, \boldsymbol{a}_{h+1}, \cdots, \boldsymbol{a}_{k-1}$ の線形結合として表せることになりますので、$\mathrm{L}(\boldsymbol{a}_1, \boldsymbol{a}_2, \cdots, \boldsymbol{a}_k) = \mathrm{L}(\boldsymbol{a}_1, \boldsymbol{a}_2, \cdots, \boldsymbol{a}_{k-1})$ がなりたちます。すなわち、$\boldsymbol{a}_k$ を取り外すことができました。同じような理由で、$\boldsymbol{a}_{h+1}, \cdots, \boldsymbol{a}_{k-1}$ も取り

外すことができて、$\mathrm{L}(\boldsymbol{a}_1, \boldsymbol{a}_2, \cdots, \boldsymbol{a}_k) = \mathrm{L}(\boldsymbol{a}_1, \boldsymbol{a}_2, \cdots, \boldsymbol{a}_h)$ がなりたちます。したがって、$\mathrm{L}(\boldsymbol{a}_1, \boldsymbol{a}_2, \cdots, \boldsymbol{a}_k)$ の次元は h です。 ■

以上の議論から、次のことがわかりました。

ランクと線形独立な最大個数と次元

k 個の n 次元数ベクトル $\boldsymbol{a}_1, \boldsymbol{a}_2, \cdots, \boldsymbol{a}_k$ について、次の 3 つの値は等しい。

(1) $n \times k$ 行列 $\begin{pmatrix} \boldsymbol{a}_1 & \boldsymbol{a}_2 & \cdots & \boldsymbol{a}_k \end{pmatrix}$ のランク。

(2) ベクトルの集まり $\boldsymbol{a}_1, \boldsymbol{a}_2, \cdots, \boldsymbol{a}_k$ から取り出した互いに線形独立なベクトルの最大個数。

(3) 張られるベクトル空間 $\mathrm{L}(\boldsymbol{a}_1, \boldsymbol{a}_2, \cdots, \boldsymbol{a}_k)$ の次元。

4.6 行列のランクを求める

行列のランクを求めることにより、ベクトルの集まりの中にある互いに線形独立なベクトルの最大個数や、ベクトルが張るベクトル空間の次元を求めることができることがわかりました。行列のランクを求めるためには、たくさんな小行列式の値が 0 であるかどうかを調べる必要があり、容易ではありません。しかし、次のことを利用すると便利です。

行列のランクの性質 (3)

行列のランクは、ある列の何倍かを別の列に加えても変わらない。また、ある行の何倍かを他の行に加えても変わらない。

証明 ベクトルについての次の 2 つの等式がなりたちます。

$$
\begin{aligned}
& x_1\boldsymbol{a}_1 + \cdots + x_p\boldsymbol{a}_p + \cdots + x_q(\boldsymbol{a}_q + c\boldsymbol{a}_p) + \cdots + x_k\boldsymbol{a}_k \\
& \quad = x_1\boldsymbol{a}_1 + \cdots + (x_p + cx_q)\boldsymbol{a}_p + \cdots + x_q\boldsymbol{a}_q + \cdots + x_k\boldsymbol{a}_k, \\
& x_1\boldsymbol{a}_1 + \cdots + x_p\boldsymbol{a}_p + \cdots + x_q\boldsymbol{a}_q + \cdots + x_k\boldsymbol{a}_k
\end{aligned}
$$

$$= x_1\boldsymbol{a}_1 + \cdots + (x_p - cx_q)\boldsymbol{a}_p + \cdots + x_q(\boldsymbol{a}_q + c\boldsymbol{a}_p) + \cdots + x_k\boldsymbol{a}_k.$$

この 2 つの等式は、張られるベクトル空間についての次の等式を導きます。

$$\mathrm{L}(\boldsymbol{a}_1, \cdots, \boldsymbol{a}_p, \cdots, \boldsymbol{a}_q + c\boldsymbol{a}_p, \cdots, \boldsymbol{a}_k) = \mathrm{L}(\boldsymbol{a}_1, \cdots, \boldsymbol{a}_p, \cdots, \boldsymbol{a}_q, \cdots, \boldsymbol{a}_k).$$

両辺の次元が等しいので、行列 $\begin{pmatrix} \boldsymbol{a}_1 & \cdots & \boldsymbol{a}_p & \cdots & \boldsymbol{a}_q + c\boldsymbol{a}_p & \cdots & \boldsymbol{a}_k \end{pmatrix}$ のランクと行列 $\begin{pmatrix} \boldsymbol{a}_1 & \cdots & \boldsymbol{a}_p & \cdots & \boldsymbol{a}_q & \cdots & \boldsymbol{a}_k \end{pmatrix}$ のランクが等しいということになります。これは行列の第 p 列の c 倍を第 q 列に加えてもランクは変わらないということです。行列のランクとその転置行列のランクは変わりませんので、行列 $\begin{pmatrix} \boldsymbol{a}_1 & \cdots & \boldsymbol{a}_p & \cdots & \boldsymbol{a}_q + c\boldsymbol{a}_p & \cdots & \boldsymbol{a}_k \end{pmatrix}^t$ のランクと行列 $\begin{pmatrix} \boldsymbol{a}_1 & \cdots & \boldsymbol{a}_p & \cdots & \boldsymbol{a}_q & \cdots & \boldsymbol{a}_k \end{pmatrix}^t$ のランクが等しいということになります。これは行列の第 p 行の c 倍を第 q 行に加えてもランクは変わらないということです。 ■

以下において、このことを利用して、行列のランクと張られるベクトル空間の次元を求めます。

例　3×4 行列 $\begin{pmatrix} 1 & 4 & 2 & 0 \\ -1 & 2 & -2 & 6 \\ -1 & -2 & -2 & 2 \end{pmatrix}$ のランクを求めます。

$$\begin{pmatrix} 1 & 4 & 2 & 0 \\ -1 & 2 & -2 & 6 \\ -1 & -2 & -2 & 2 \end{pmatrix}$$

$\downarrow$ (第 1 行を第 2 行に加え、第 1 行を第 3 行に加える。)

$$\begin{pmatrix} 1 & 4 & 2 & 0 \\ 0 & 6 & 0 & 6 \\ 0 & 2 & 0 & 2 \end{pmatrix}$$

$\downarrow$ (第 4 列を第 2 列から引く。)

$$\begin{pmatrix} 1 & 4 & 2 & 0 \\ 0 & 0 & 0 & 6 \\ 0 & 0 & 0 & 2 \end{pmatrix}$$

$\downarrow$（第 3 行の 3 倍を第 2 行から引く。）

$$\begin{pmatrix} 1 & 4 & 2 & 0 \\ 0 & 0 & 0 & 0 \\ 0 & 0 & 0 & 2 \end{pmatrix}$$

$\downarrow$（第 2 行と第 3 行を入れ替える。）

$$\begin{pmatrix} 1 & 4 & 2 & 0 \\ 0 & 0 & 0 & 2 \\ 0 & 0 & 0 & 0 \end{pmatrix}$$

$\downarrow$（第 2 列と第 4 行を入れ替える。）

$$\begin{pmatrix} 1 & 0 & 2 & 4 \\ 0 & 2 & 0 & 0 \\ 0 & 0 & 0 & 0 \end{pmatrix}$$ （3 次の小行列式の値はすべて 0。）

2 次の小行列式 $\begin{vmatrix} 1 & 0 \\ 0 & 2 \end{vmatrix} = 2 \neq 0$ だから、ランクは 2 ということになります。

なお、ランクの求め方は一通りではありません。

例　張られるベクトル空間 L $\left(\begin{pmatrix} 2 \\ 3 \\ 3 \end{pmatrix}, \begin{pmatrix} 1 \\ 2 \\ 4 \end{pmatrix}, \begin{pmatrix} 2 \\ 1 \\ 3 \end{pmatrix}, \begin{pmatrix} 4 \\ 1 \\ 2 \end{pmatrix} \right)$ の次元を求めます。そのために次の 3×4 行列のランクを求めます。

$$\begin{pmatrix} 2 & 1 & 2 & 4 \\ 3 & 2 & 1 & 1 \\ 3 & 4 & 3 & 2 \end{pmatrix}$$

$$\downarrow \left(\begin{array}{l}\text{第 2 列の 2 倍を第 1 列から引き、} \\ \text{第 2 列の 2 倍を第 3 列から引き、} \\ \text{第 2 列の 4 倍を第 4 列から引く。}\end{array}\right)$$

$$\begin{pmatrix} 0 & 1 & 0 & 0 \\ -1 & 2 & -3 & -7 \\ -5 & 4 & -5 & -14 \end{pmatrix}$$

$$\downarrow \left(\begin{array}{l}\text{第 1 列の 2 倍を第 2 列に加え、} \\ \text{第 1 列の 3 倍を第 3 列から引き、} \\ \text{第 1 列の 7 倍を第 4 列から引く。}\end{array}\right)$$

$$\begin{pmatrix} 0 & 1 & 0 & 0 \\ -1 & 0 & 0 & 0 \\ -5 & -6 & 10 & 21 \end{pmatrix} \qquad \left(\begin{vmatrix} 0 & 1 & 0 \\ -1 & 0 & 0 \\ -5 & -6 & 10 \end{vmatrix} = 10 \times \begin{vmatrix} 0 & 1 \\ -1 & 0 \end{vmatrix} = 10 \neq 0 \right)$$

したがって、ランクは 3 だから、この張られるベクトル空間の次元は 3 ということになります。

問題 4.3 3×4 行列 $\begin{pmatrix} 1 & 1 & -2 & 1 \\ 2 & -1 & 1 & -2 \\ 1 & 4 & -4 & 5 \end{pmatrix}$ のランクを求めてください。

問題 4.4 張られるベクトル空間 $\mathrm{L}\left(\begin{pmatrix} 1 \\ 2 \\ 3 \end{pmatrix}, \begin{pmatrix} 2 \\ -1 \\ 1 \end{pmatrix}, \begin{pmatrix} -1 \\ 3 \\ 2 \end{pmatrix}, \begin{pmatrix} -4 \\ 7 \\ 3 \end{pmatrix}\right)$ の次元を求めてください。

4.7 連立 1 次方程式の解の存在

連立 1 次方程式に解が存在するための条件はランクを用いて次のように表すことができます。

連立 1 次方程式の解の存在

連立 1 次方程式 $\begin{cases} a_1x + b_1y + c_1z = d_1 \\ a_2x + b_2y + c_2z = d_2 \\ a_3x + b_3y + c_3z = d_3 \end{cases}$ に解が存在するための必要十分条件は、3×4 行列 $\begin{pmatrix} a_1 & b_1 & c_1 & d_1 \\ a_2 & b_2 & c_2 & d_2 \\ a_3 & b_3 & c_3 & d_3 \end{pmatrix}$ のランクと 3×3 行列 $\begin{pmatrix} a_1 & b_1 & c_1 \\ a_2 & b_2 & c_2 \\ a_3 & b_3 & c_3 \end{pmatrix}$ のランクが等しいことである。

証明 なぜなら、次の (1), (2), (3), (4) が互いに必要十分であるからです。そのことはこの順序で確かめることができます。

(1) この連立 1 次方程式に解がある。

(2) $\begin{pmatrix} d_1 \\ d_2 \\ d_3 \end{pmatrix} = x \begin{pmatrix} a_1 \\ a_2 \\ a_3 \end{pmatrix} + y \begin{pmatrix} b_1 \\ b_2 \\ b_3 \end{pmatrix} + z \begin{pmatrix} c_1 \\ c_2 \\ c_3 \end{pmatrix}$ と線形結合で表せる。

(3) $\mathrm{L}\left(\begin{pmatrix} a_1 \\ a_2 \\ a_3 \end{pmatrix}, \begin{pmatrix} b_1 \\ b_2 \\ b_3 \end{pmatrix}, \begin{pmatrix} c_1 \\ c_2 \\ c_3 \end{pmatrix}, \begin{pmatrix} d_1 \\ d_2 \\ d_3 \end{pmatrix} \right)$ の次元と $\mathrm{L}\left(\begin{pmatrix} a_1 \\ a_2 \\ a_3 \end{pmatrix}, \begin{pmatrix} b_1 \\ b_2 \\ b_3 \end{pmatrix}, \begin{pmatrix} c_1 \\ c_2 \\ c_3 \end{pmatrix} \right)$ の次元が等しい。

(4)　3×4 行列 $\begin{pmatrix} a_1 & b_1 & c_1 & d_1 \\ a_2 & b_2 & c_2 & d_2 \\ a_3 & b_3 & c_3 & d_3 \end{pmatrix}$ のランクと 3×3 行列 $\begin{pmatrix} a_1 & b_1 & c_1 \\ a_2 & b_2 & c_2 \\ a_3 & b_3 & c_3 \end{pmatrix}$ のランクが等しい。■

未知数が 3 個で式が 3 個の連立 1 次方程式について示しましたが、このことは未知数の個数と式の個数とに関係なくなりたちます。

例　連立 1 次方程式 $\begin{cases} x+2y-z=1 \\ 2x+3y-2z=1 \\ 3x+5y-3z=3 \end{cases}$ に解があるかどうかを、行列のランクを調べて判定します。

まず、定数項を除いた係数行列のランクを調べます。

$$\begin{pmatrix} 1 & 2 & -1 \\ 2 & 3 & -2 \\ 3 & 5 & -3 \end{pmatrix}$$

$\downarrow$ （第 1 行の 2 倍を第 2 行から引き、第 1 行の 3 倍を第 3 行から引きます。）

$$\begin{pmatrix} 1 & 2 & -1 \\ 0 & -1 & 0 \\ 0 & -1 & 0 \end{pmatrix}$$

$\downarrow$ （第 2 行の 2 倍を第 1 行に加え、第 2 行の 1 倍を第 3 行から引きます。）

$$\begin{pmatrix} 1 & 0 & -1 \\ 0 & -1 & 0 \\ 0 & 0 & 0 \end{pmatrix}$$

（3 次の小行列式の値は 0、値が 0 でない 2 次の小行列式がある。この行列のランクは 2 です。）

次に定数項を入れた係数行列のランクを調べます。

$$\begin{pmatrix} 1 & 2 & -1 & 1 \\ 2 & 3 & -2 & 1 \\ 3 & 5 & -3 & 3 \end{pmatrix}$$

$\downarrow$ （第 1 行の 2 倍を第 2 行から引き、第 1 行の 3 倍を第 3 行から引きます。）

$$\begin{pmatrix} 1 & 2 & -1 & 1 \\ 0 & -1 & 0 & -1 \\ 0 & -1 & 0 & 0 \end{pmatrix}$$

$\downarrow$ （第 3 行の 2 倍を第 1 行に加え、第 3 行の 1 倍を第 2 行から引きます。）

$$\begin{pmatrix} 1 & 0 & -1 & 1 \\ 0 & 0 & 0 & -1 \\ 0 & -1 & 0 & 0 \end{pmatrix}$$

$\downarrow$ （第 1 列の 1 倍を第 3 列に加え、第 1 列の 1 倍を第 4 列から引きます。）

$$\begin{pmatrix} 1 & 0 & 0 & 0 \\ 0 & 0 & 0 & -1 \\ 0 & -1 & 0 & 0 \end{pmatrix}$$

（値が 0 でない 3 次の小行列式がある。この行列のランクは 3 です。）

2 つの行列のランクが異なりますから、この連立 1 次方程式には解がありません。

未知数の個数や等式の個数が多い連立 1 次方程式について解があるかどうかを直接調べることは困難ですが、このようにランクを調べることによって解があるかどうかが判定できます。

定数項がすべて 0 である連立 1 次方程式を**斉次連立 1 次方程式**といいます。

斉次連立 1 次方程式の解の存在 (1)

未知数の個数と等式の個数が等しい斉次型連立 1 次方程式

$$\begin{cases} a_{11}x_1 + a_{12}x_2 + \cdots + a_{1n}x_n = 0 \\ a_{21}x_1 + a_{22}x_2 + \cdots + a_{2n}x_n = 0 \\ \qquad\qquad \vdots \\ a_{n1}x_1 + a_{n2}x_2 + \cdots + a_{nn}x_n = 0 \end{cases}$$

に自明な解のほかに解があるための必要十分条件は、

$$\begin{vmatrix} a_{11} & a_{12} & \cdots & a_{1n} \\ a_{21} & a_{22} & \cdots & a_{2n} \\ \vdots & \vdots & \ddots & \vdots \\ a_{n1} & a_{n2} & \cdots & a_{nn} \end{vmatrix} = 0$$

がなりたつことである。

証明　この連立 1 次方程式に自明な解のほかに解があるのは、4.2 節の結論から、n 個の n 次元数ベクトル $\begin{pmatrix} a_{11} \\ a_{21} \\ \vdots \\ a_{n1} \end{pmatrix}, \begin{pmatrix} a_{12} \\ a_{22} \\ \vdots \\ a_{n2} \end{pmatrix}, \cdots, \begin{pmatrix} a_{1n} \\ a_{2n} \\ \vdots \\ a_{nn} \end{pmatrix}$ が線形従属であるときです。それは 4.3 節の結論から、$n \times n$ 行列 $\begin{pmatrix} a_{11} & a_{12} & \cdots & a_{1n} \\ a_{21} & a_{22} & \cdots & a_{2n} \\ \vdots & \vdots & \ddots & \vdots \\ a_{n1} & a_{n2} & \cdots & a_{nn} \end{pmatrix}$ のランクが n よりも小さいとき、すなわち、$\begin{vmatrix} a_{11} & a_{12} & \cdots & a_{1n} \\ a_{21} & a_{22} & \cdots & a_{2n} \\ \vdots & \vdots & \ddots & \vdots \\ a_{n1} & a_{n2} & \cdots & a_{nn} \end{vmatrix} = 0$ がなりたつときです。■

例　斉次連立 1 次方程式 $\begin{cases} 2x+4y-2z=0 \\ x+3y-3z=0 \\ 3x+2y+5z=0 \end{cases}$ に自明な解のほかに解があるかどうかを、行列のランクを調べて判定します。

$$\begin{pmatrix} 2 & 4 & -2 \\ 1 & 3 & -3 \\ 3 & 2 & 5 \end{pmatrix}$$

$\downarrow$ （第 2 行の 2 倍を第 1 行から引き、第 2 行の 3 倍を第 3 行から引きます。）

$$\begin{pmatrix} 0 & -2 & 4 \\ 1 & 3 & -3 \\ 0 & -7 & 14 \end{pmatrix}$$

$\downarrow$ （第 1 列の 3 倍を第 2 列から引き、第 1 列の 3 倍を第 3 列に加えます。）

$$\begin{pmatrix} 0 & -2 & 4 \\ 1 & 0 & 0 \\ 0 & -7 & 14 \end{pmatrix}$$

$\downarrow$ (第 2 列の 2 倍を第 3 列に加えます。)

$$\begin{pmatrix} 0 & -2 & 0 \\ 1 & 0 & 0 \\ 0 & -7 & 0 \end{pmatrix}$$

（3 次の小行列式の値は 0、値が 0 でない 2 次の小行列式がある。この行列のランクは 2 です。）

ランクが 3 ではありませんから、自明な解のほかに解があるということになります。

先に示したことから、次がなりたちます。

斉次連立 1 次方程式の解の存在 (2)

未知数の個数よりも等式の個数が少ない斉次連立 1 次方程式は自明な解のほかに解をもつ。

例えば、未知数が 3 個、等式が 2 個の斉次連立 1 次方程式

$$\begin{cases} a_1x_1 + b_1x_2 + c_1x_3 = 0 \\ a_2x_1 + b_2x_2 + c_2x_3 = 0 \end{cases}$$

の解は斉次連立 1 次方程式

$$\begin{cases} a_1x_1 + b_1x_2 + c_1x_3 = 0 \\ a_2x_1 + b_2x_2 + c_2x_3 = 0 \\ 0 \times x_1 + 0 \times x_2 + 0 \times x_3 = 0 \end{cases}$$

の解と同じです。後の連立 1 次方程式の係数からきまる 3 次の行列式の値は
$\begin{vmatrix} a_1 & b_1 & c_1 \\ a_2 & b_2 & c_2 \\ 0 & 0 & 0 \end{vmatrix} = 0$ ですから、自明な解のほかに解をもちます。

●章末問題

章末問題 4.1　2×3 行列 $\begin{pmatrix} a_1 & b_1 \\ a_2 & b_2 \\ a_3 & b_3 \end{pmatrix}$ のすべての 2 次の行列式の値が 0 であり、$a_1 \neq 0$ であるとき、この行列の列ベクトルは $\begin{pmatrix} b_1 \\ b_2 \\ b_3 \end{pmatrix} = \dfrac{b_1}{a_1} \begin{pmatrix} a_1 \\ a_2 \\ a_3 \end{pmatrix}$ と線形結合で表せることを示してください。

章末問題 4.2　3 個の 2 次元数ベクトル $\begin{pmatrix} a_1 \\ a_2 \end{pmatrix}, \begin{pmatrix} b_1 \\ b_2 \end{pmatrix}, \begin{pmatrix} c_1 \\ c_2 \end{pmatrix}$ は互いに線形従属であることを、行列式の値が $\begin{vmatrix} a_1 & b_1 & c_1 \\ a_2 & b_2 & c_2 \\ 0 & 0 & 0 \end{vmatrix} = 0$ であることを用いて示してください。

第5章

LINEAR Matrix Determinant Vector ALGEBRA

内積、ノルム

5.1　ベクトルの内積とノルム

2 つの n 次元数ベクトル $\boldsymbol{a} = \begin{pmatrix} a_1 \\ a_2 \\ \vdots \\ a_n \end{pmatrix}$ と $\boldsymbol{b} = \begin{pmatrix} b_1 \\ b_2 \\ \vdots \\ b_n \end{pmatrix}$ に対して、実数 $a_1b_1 + a_2b_2 + \cdots + a_nb_n$ を $\boldsymbol{a}$ と $\boldsymbol{b}$ の**内積**といい、記号 $(\boldsymbol{a}, \boldsymbol{b})$ で表します。n 次元数ベクトルを $n \times 1$ 行列とみれば、次がなりたちます。

$$(\boldsymbol{a}, \boldsymbol{b}) = a_1b_1 + a_2b_2 \cdots + a_nb_n = \begin{pmatrix} a_1 & a_2 & \cdots & a_n \end{pmatrix} \begin{pmatrix} b_1 \\ b_2 \\ \vdots \\ b_n \end{pmatrix} = \boldsymbol{a}^t\boldsymbol{b}$$

ここで、$\boldsymbol{a}^t$ は $\boldsymbol{a}$ の転置行列です。このように数ベクトルを行列と見ることは記述を簡単にする利点があります。内積には

$$(\boldsymbol{a}, \boldsymbol{b}) = (\boldsymbol{b}, \boldsymbol{a}), \quad (c\boldsymbol{a} + d\boldsymbol{b}, \boldsymbol{c}) = c(\boldsymbol{a}, \boldsymbol{c}) + d(\boldsymbol{b}, \boldsymbol{c})$$

などの性質があります。n 次元数ベクトル $\boldsymbol{a} = \begin{pmatrix} a_1 \\ a_2 \\ \vdots \\ a_n \end{pmatrix}$ に対して、

$$\sqrt{(\boldsymbol{a}, \boldsymbol{a})} = \sqrt{a_1^2 + a_2^2 + \cdots + a_n^2}$$

を $\boldsymbol{a}$ の**ノルム**といい、記号 $\|\boldsymbol{a}\|$ で表します。

$$\|\boldsymbol{a}\| = \sqrt{a_1^2 + a_2^2 + \cdots + a_n^2} = \sqrt{(\boldsymbol{a}, \boldsymbol{a})}$$

ノルムには、

$$\|c\boldsymbol{a}\| = |c|\|\boldsymbol{a}\| \qquad (c \text{ は実数})$$

の性質があります。なぜなら、

$$\|c\boldsymbol{a}\|^2 = (c\boldsymbol{a}, c\boldsymbol{a}) = c^2(\boldsymbol{a}, \boldsymbol{a}) = c^2\|\boldsymbol{a}\|^2$$

がなりたつからです。

内積とノルムの間には**シュヴァルツの不等式**と呼ばれる次の性質があります。

シュヴァルツの不等式

$$|(\boldsymbol{a}, \boldsymbol{b})| \leqq \|\boldsymbol{a}\|\|\boldsymbol{b}\|$$

証明　内積の性質から、次がなりたちます。

$$\begin{aligned}\|t\boldsymbol{a} + \boldsymbol{b}\|^2 &= (t\boldsymbol{a} + \boldsymbol{b}, t\boldsymbol{a} + \boldsymbol{b}) = t^2(\boldsymbol{a}, \boldsymbol{a}) + 2t(\boldsymbol{a}, \boldsymbol{b}) + (\boldsymbol{b}, \boldsymbol{b}) \\ &= t^2\|\boldsymbol{a}\|^2 + 2t(\boldsymbol{a}, \boldsymbol{b}) + \|\boldsymbol{b}\|^2.\end{aligned}$$

$\|\boldsymbol{a}\| \neq 0$ のときは、上の 2 次式がすべての実数 t について負の値をとらないことから、判別式 $(\boldsymbol{a}, \boldsymbol{b})^2 - \|\boldsymbol{a}^2\|\|\boldsymbol{b}\|^2 \leqq 0$ がなりたちます。これより、シュヴァルツの不等式を導くことができます。$\|\boldsymbol{a}\| = 0$ のとき、つまり、$\boldsymbol{a} = \boldsymbol{0}$ のときも、シュヴァルツの不等式はなりたっています。■

シュヴァルツの不等式を成分で表すと、

$$|a_1b_1 + a_2b_2 + \cdots + a_nb_n| \leqq \sqrt{a_1^2 + a_2^2 + \cdots + a_n^2}\sqrt{b_1^2 + b_2^2 + \cdots + b_n^2}$$

となります。シュヴァルツの不等式を用いると、ノルムの次の性質を導くことができます。

ノルムの性質

$$\|\boldsymbol{a}+\boldsymbol{b}\| \leqq \|\boldsymbol{a}\|+\|\boldsymbol{b}\|$$

証明

$$\begin{aligned}\|\boldsymbol{a}+\boldsymbol{b}\|^2 &= (\boldsymbol{a}+\boldsymbol{b}, \boldsymbol{a}+\boldsymbol{b}) = (\boldsymbol{a}, \boldsymbol{a}) + 2(\boldsymbol{a}, \boldsymbol{b}) + (\boldsymbol{b}, \boldsymbol{b}) \\ &\leqq \|\boldsymbol{a}\|^2 + 2\|\boldsymbol{a}\|\|\boldsymbol{b}\| + \|\boldsymbol{b}\|^2 = (\|\boldsymbol{a}\|+\|\boldsymbol{b}\|)^2\end{aligned}$$

だからです。 ■

2 次元の数ベクトルや 3 次元の数ベクトルは、それぞれ座標平面と座標空間の矢線ベクトルや位置ベクトルといった図形的なイメージを伴って考えることができ、特に 2 つのベクトルがなす角を考えることができます。しかし、4 次元以上の 2 つの数ベクトルがなす角といっても図形的なイメージを描くことは困難です。しかし、2 次元や 3 次元からの類推として、零ベクトルとは異なる 2 つの n 次元数ベクトル $\boldsymbol{a}, \boldsymbol{b}$ について

$$\cos\theta = \frac{(\boldsymbol{a}, \boldsymbol{b})}{\|\boldsymbol{a}\|\|\boldsymbol{b}\|}$$

によって定まる θ を $\boldsymbol{a}$ と $\boldsymbol{b}$ が**なす角**と呼ぶことにします。さらに、$\cos\theta = 0$ のとき、すなわち、$(\boldsymbol{a}, \boldsymbol{b}) = 0$ がなりたつとき、$\boldsymbol{a}$ と $\boldsymbol{b}$ とは**直交する**といいます。

5.2 正規直交基底と直交行列

ここでは、互いに直交するベクトルの性質について考えます。

互いに直交すれば互いに線形独立

零ベクトルではない k 個の n 次元数ベクトル $\boldsymbol{a}_1, \boldsymbol{a}_2, \cdots, \boldsymbol{a}_k$ が互いに直交しているとき、$\boldsymbol{a}_1, \boldsymbol{a}_2, \cdots, \boldsymbol{a}_k$ は互いに線形独立である。

証明 ベクトルについての方程式 $x_1\boldsymbol{a}_1 + x_2\boldsymbol{a}_2 + \cdots + x_n\boldsymbol{a}_n = \boldsymbol{0}$ を考え、$\boldsymbol{a}_1$

との内積を考えますと、

$$
\begin{aligned}
0 = (\mathbf{0}, \boldsymbol{a}_1) &= (x_1\boldsymbol{a}_1 + x_2\boldsymbol{a}_2 + \cdots + x_k\boldsymbol{a}_k, \boldsymbol{a}_1) \\
&= x_1(\boldsymbol{a}_1, \boldsymbol{a}_1) + x_2(\boldsymbol{a}_2, \boldsymbol{a}_1) + \cdots + x_k(\boldsymbol{a}_k, \boldsymbol{a}_1) \\
&= x_1(\boldsymbol{a}_1, \boldsymbol{a}_1) + x_2 \times 0 + \cdots + x_k \times 0 = x_1(\boldsymbol{a}_1, \boldsymbol{a}_1)
\end{aligned}
$$

をみたし、$\boldsymbol{a}_1 \neq \mathbf{0}$ ですから、$(\boldsymbol{a}_1, \boldsymbol{a}_1) \neq 0$ となり、$x_1 = 0$ となります。同様に、$x_2 = x_3 = \cdots = x_n = 0$ も導けますので、$\boldsymbol{a}_1, \boldsymbol{a}_2, \cdots, \boldsymbol{a}_k$ は互いに線形独立です。 ■

互いに直交するベクトルの存在

> k 個の互いに線形独立な n 次元数ベクトル $\boldsymbol{a}_1, \boldsymbol{a}_2, \cdots, \boldsymbol{a}_k$ に対して、$\mathrm{L}(\boldsymbol{a}_1, \boldsymbol{a}_2, \cdots, \boldsymbol{a}_k) = \mathrm{L}(\boldsymbol{a}_1, \boldsymbol{a}_2, \cdots, \boldsymbol{a}_k)$ をみたす互いに直交するノルム 1 のベクトル $\boldsymbol{b}_1, \boldsymbol{b}_2, \cdots, \boldsymbol{b}_k$ をつくることができる。

証明　$\boldsymbol{b}_1 = \dfrac{1}{\|\boldsymbol{a}_1\|}\boldsymbol{a}_1$ と置くと、$\|\boldsymbol{b}_1\| = 1$、および、$\mathrm{L}(\boldsymbol{a}_1) = \mathrm{L}(\boldsymbol{b}_1)$ をみたします。

$\boldsymbol{b}'_2 = \boldsymbol{a}_2 - (\boldsymbol{a}_2, \boldsymbol{b}_1)\boldsymbol{b}_1$ と置きます。もし、$\boldsymbol{b}'_2 = \mathbf{0}$ ならば、$\boldsymbol{a}_2 \in \mathrm{L}(\boldsymbol{b}_1) = \mathrm{L}(\boldsymbol{a}_1)$ となるので矛盾します。よって、$\boldsymbol{b}'_2 \neq \mathbf{0}$ であり、$\boldsymbol{b}_2 = \dfrac{1}{\|\boldsymbol{b}'_2\|}\boldsymbol{b}'_2$ と置きます。

$$
(\boldsymbol{b}'_2, \boldsymbol{b}_1) = (\boldsymbol{a}_2, \boldsymbol{b}_1) - (\boldsymbol{a}_2, \boldsymbol{b}_1)(\boldsymbol{b}_1, \boldsymbol{b}_1) = (\boldsymbol{a}_2, \boldsymbol{b}_1) - (\boldsymbol{a}_2, \boldsymbol{b}_1) \times 1 = 0
$$

をみたし、$(\boldsymbol{b}_2, \boldsymbol{b}_1) = 0,\ \|\boldsymbol{b}_2\| = 1$ をみたします。したがって、$\boldsymbol{b}_1, \boldsymbol{b}_2$ は互いに線形独立です。また、$\boldsymbol{b}_1 \in \mathrm{L}(\boldsymbol{a}_1, \boldsymbol{a}_2),\ \boldsymbol{b}_2 \in \mathrm{L}(\boldsymbol{a}_1, \boldsymbol{a}_2)$ ですから、$\mathrm{L}(\boldsymbol{a}_1, \boldsymbol{a}_2) = \mathrm{L}(\boldsymbol{b}_1, \boldsymbol{b}_2)$ がなりたっています。

$\boldsymbol{b}'_3 = \boldsymbol{a}_3 - (\boldsymbol{a}_3, \boldsymbol{b}_1)\boldsymbol{b}_1 - (\boldsymbol{a}_3, \boldsymbol{b}_2)\boldsymbol{b}_2$ と置きます。もし、$\boldsymbol{b}'_3 = \mathbf{0}$ ならば、$\boldsymbol{a}_3 \in \mathrm{L}(\boldsymbol{b}_1, \boldsymbol{b}_2) = \mathrm{L}(\boldsymbol{a}_1, \boldsymbol{a}_2)$ となるので矛盾します。よって、$\boldsymbol{b}'_3 \neq \mathbf{0}$ であり、$\boldsymbol{b}_3 = \dfrac{1}{\|\boldsymbol{b}'_3\|}\boldsymbol{b}'_3$ と置きます。

$$
(\boldsymbol{b}'_3, \boldsymbol{b}_1) = (\boldsymbol{a}_3, \boldsymbol{b}_1) - (\boldsymbol{a}_3, \boldsymbol{b}_1)(\boldsymbol{b}_1, \boldsymbol{b}_1) - (\boldsymbol{a}_3, \boldsymbol{b}_2)(\boldsymbol{b}_2, \boldsymbol{b}_1)
$$

$$
\begin{aligned}
&= (\boldsymbol{a}_3, \boldsymbol{b}_1) - (\boldsymbol{a}_3, \boldsymbol{b}_1) \times 1 - (\boldsymbol{a}_3, \boldsymbol{b}_2) \times 0 = 0, \\
(\boldsymbol{b}_3', \boldsymbol{b}_2) &= (\boldsymbol{a}_3, \boldsymbol{b}_2) - (\boldsymbol{a}_3, \boldsymbol{b}_1)(\boldsymbol{b}_1, \boldsymbol{b}_2) - (\boldsymbol{a}_3, \boldsymbol{b}_2)(\boldsymbol{b}_2, \boldsymbol{b}_2) \\
&= (\boldsymbol{a}_3, \boldsymbol{b}_2) - (\boldsymbol{a}_3, \boldsymbol{b}_1) \times 0 - (\boldsymbol{a}_3, \boldsymbol{b}_2) \times 1 = 0
\end{aligned}
$$

をみたし、$(\boldsymbol{b}_3, \boldsymbol{b}_1) = (\boldsymbol{b}_3, \boldsymbol{b}_2) = 0$, $\|\boldsymbol{b}_3\| = 1$ をみたします。したがって、$\boldsymbol{b}_1, \boldsymbol{b}_2, \boldsymbol{b}_3$ は互いに線形独立です。また、$\boldsymbol{b}_1 \in \mathrm{L}(\boldsymbol{a}_1, \boldsymbol{a}_2, \boldsymbol{a}_3)$, $\boldsymbol{b}_2 \in \mathrm{L}(\boldsymbol{a}_1, \boldsymbol{a}_2, \boldsymbol{a}_3)$, $\boldsymbol{b}_3 \in \mathrm{L}(\boldsymbol{a}_1, \boldsymbol{a}_2, \boldsymbol{a}_3)$ ですから、$\mathrm{L}(\boldsymbol{a}_1, \boldsymbol{a}_2, \boldsymbol{a}_3) = \mathrm{L}(\boldsymbol{b}_1, \boldsymbol{b}_2, \boldsymbol{b}_3)$ がなりたっています。この方法を続けていけばよいわけです。 ■

互いに線形独立なベクトルから、互いに直交するノルム 1 のベクトルをつくるこの方法を**シュミットの直交化法**といいます。

ノルム 1 の n 個の n 次元数ベクトル $\boldsymbol{a}_1, \boldsymbol{a}_2, \cdots, \boldsymbol{a}_n$ が互いに直交しているとき、すなわち、

$$
\|\boldsymbol{a}_i\| = 1 \quad (i = 1, 2, \cdots, n), \qquad (\boldsymbol{a}_i, \boldsymbol{a}_j) = 0 \quad (i \neq j \text{ のとき})
$$

をみたすとき、R^n の**正規直交基底**であるといいます。基底というのは、$\boldsymbol{a}_1, \boldsymbol{a}_2, \cdots, \boldsymbol{a}_n$ は互いに線形独立になりますから、$\mathrm{R}^n = \mathrm{L}(\boldsymbol{a}_1, \boldsymbol{a}_2, \cdots, \boldsymbol{a}_n)$ がなりたつからです。

$n \times n$ 実行列 C が $C^tC = E$ をみたすとき、**直交行列**であるといいます。ここで、C^t は C の転置行列ですし、E は $n \times n$ 単位行列です。

直交行列と正規直交基底

$n \times n$ 実行列 C が直交行列であるための必要十分条件は、C の各列から定まる n 個の n 次元ベクトルが正規直交基底になることである。

証明 わかりやすさのため、$n = 3$ のときを説明します。3×3 行列

$$
C = \begin{pmatrix} c_{11} & c_{12} & c_{13} \\ c_{21} & c_{22} & c_{23} \\ c_{31} & c_{32} & c_{33} \end{pmatrix}
$$

の各列から定まる 3 次元ベクトルを $\boldsymbol{c}_1 = \begin{pmatrix} c_{11} \\ c_{21} \\ c_{31} \end{pmatrix}$, $\boldsymbol{c}_2 = \begin{pmatrix} c_{12} \\ c_{22} \\ c_{32} \end{pmatrix}$, $\boldsymbol{c}_3 = \begin{pmatrix} c_{13} \\ c_{23} \\ c_{33} \end{pmatrix}$ とします。

$$C^tC = \begin{pmatrix} \boldsymbol{c}_1 & \boldsymbol{c}_2 & \boldsymbol{c}_3 \end{pmatrix}^t \begin{pmatrix} \boldsymbol{c}_1 & \boldsymbol{c}_2 & \boldsymbol{c}_3 \end{pmatrix} = \begin{pmatrix} \boldsymbol{c}_1^t \\ \boldsymbol{c}_2^t \\ \boldsymbol{c}_3^t \end{pmatrix} \begin{pmatrix} \boldsymbol{c}_1 & \boldsymbol{c}_2 & \boldsymbol{c}_3 \end{pmatrix}$$

$$= \begin{pmatrix} \boldsymbol{c}_1^t\boldsymbol{c}_1 & \boldsymbol{c}_1^t\boldsymbol{c}_2 & \boldsymbol{c}_1^t\boldsymbol{c}_3 \\ \boldsymbol{c}_2^t\boldsymbol{c}_1 & \boldsymbol{c}_2^t\boldsymbol{c}_2 & \boldsymbol{c}_2^t\boldsymbol{c}_3 \\ \boldsymbol{c}_3^t\boldsymbol{c}_1 & \boldsymbol{c}_3^t\boldsymbol{c}_2 & \boldsymbol{c}_3^t\boldsymbol{c}_3 \end{pmatrix} = \begin{pmatrix} (\boldsymbol{c}_1, \boldsymbol{c}_1) & (\boldsymbol{c}_1, \boldsymbol{c}_2) & (\boldsymbol{c}_1, \boldsymbol{c}_3) \\ (\boldsymbol{c}_2, \boldsymbol{c}_1) & (\boldsymbol{c}_2, \boldsymbol{c}_2) & (\boldsymbol{c}_2, \boldsymbol{c}_3) \\ (\boldsymbol{c}_3, \boldsymbol{c}_1) & (\boldsymbol{c}_3, \boldsymbol{c}_2) & (\boldsymbol{c}_3, \boldsymbol{c}_3) \end{pmatrix}$$

がなりたちます。これが 3×3 単位行列であることが、直交行列でもあり、正規直交基底でもあるからです。 ■

直交行列には次の性質があります。

直交行列の性質

直交行列 A について、$(A\boldsymbol{x}, A\boldsymbol{y}) = (\boldsymbol{x}, \boldsymbol{y})$ がなりたつ。したがって、$\boldsymbol{x}$ と $\boldsymbol{y}$ が直交するならば、$A\boldsymbol{x}$ と $A\boldsymbol{y}$ も直交する。また、すべての数ベクトル $\boldsymbol{x}$ について、$\|A\boldsymbol{x}\| = \|\boldsymbol{x}\|$ がなりたつ。

証明

$$(A\boldsymbol{x}, A\boldsymbol{y}) = (A\boldsymbol{y})^t(A\boldsymbol{x}) = \boldsymbol{y}^tA^tA\boldsymbol{x} = \boldsymbol{y}^tE\boldsymbol{x} = (\boldsymbol{x}, \boldsymbol{y})$$

がなりたつので、$(\boldsymbol{x}, \boldsymbol{y}) = 0$ のときは、$(A\boldsymbol{x}, A\boldsymbol{y}) = 0$ がなりたちます。また、$\boldsymbol{x} = \boldsymbol{y}$ のときは、

$$\|A\boldsymbol{x}\|^2 = (A\boldsymbol{x}, A\boldsymbol{x}) = (\boldsymbol{x}, \boldsymbol{x}) = \|\boldsymbol{x}\|^2$$

となります。 ■

この性質は、2 つの数ベクトルの大きさと角度は、直交ベクトルをかけた数ベクトルにおいても変わらない、ということです。

例 3×3 行列 $\begin{pmatrix} \frac{1}{\sqrt{3}} & \frac{1}{\sqrt{2}} & \frac{1}{\sqrt{6}} \\ \frac{1}{\sqrt{3}} & \frac{-1}{\sqrt{2}} & \frac{1}{\sqrt{6}} \\ \frac{1}{\sqrt{3}} & 0 & \frac{-2}{\sqrt{6}} \end{pmatrix}$ は、

$$\begin{pmatrix} \frac{1}{\sqrt{3}} & \frac{1}{\sqrt{3}} & \frac{1}{\sqrt{3}} \\ \frac{1}{\sqrt{2}} & \frac{-1}{\sqrt{2}} & 0 \\ \frac{1}{\sqrt{6}} & \frac{1}{\sqrt{6}} & \frac{-2}{\sqrt{6}} \end{pmatrix} \begin{pmatrix} \frac{1}{\sqrt{3}} & \frac{1}{\sqrt{2}} & \frac{1}{\sqrt{6}} \\ \frac{1}{\sqrt{3}} & \frac{-1}{\sqrt{2}} & \frac{1}{\sqrt{6}} \\ \frac{1}{\sqrt{3}} & 0 & \frac{-2}{\sqrt{6}} \end{pmatrix} = \begin{pmatrix} 1 & 0 & 0 \\ 0 & 1 & 0 \\ 0 & 0 & 1 \end{pmatrix}$$

をみたしますから、直交行列です。したがって、3 つの 3 次元数ベクトル

$\begin{pmatrix} \frac{1}{\sqrt{3}} \\ \frac{1}{\sqrt{3}} \\ \frac{1}{\sqrt{3}} \end{pmatrix}, \begin{pmatrix} \frac{1}{\sqrt{2}} \\ \frac{-1}{\sqrt{2}} \\ 0 \end{pmatrix}, \begin{pmatrix} \frac{1}{\sqrt{6}} \\ \frac{1}{\sqrt{6}} \\ \frac{-2}{\sqrt{6}} \end{pmatrix}$ は R^3 の正規直交基底です。

例 2×2 行列 $\begin{pmatrix} \cos\theta & -\sin\theta \\ \sin\theta & \cos\theta \end{pmatrix}$ は、

$$\begin{pmatrix} \cos\theta & \sin\theta \\ -\sin\theta & \cos\theta \end{pmatrix} \begin{pmatrix} \cos\theta & -\sin\theta \\ \sin\theta & \cos\theta \end{pmatrix}$$

$$= \begin{pmatrix} \cos^2\theta + \sin^2\theta & 0 \\ 0 & \cos^2\theta + \cos^2\theta \end{pmatrix} = \begin{pmatrix} 1 & 0 \\ 0 & 1 \end{pmatrix}$$

をみたしますから、直交行列です。したがって、2 つの 2 次元数ベクトル

$$\begin{pmatrix} \cos\theta \\ \sin\theta \end{pmatrix}, \qquad \begin{pmatrix} -\sin\theta \\ \cos\theta \end{pmatrix}$$

は R^2 の正規直交基底です。

問題 5.1　2 つの数ベクトル $y\begin{pmatrix} 1 \\ 2 \end{pmatrix}$, $z\begin{pmatrix} x \\ 1 \end{pmatrix}$ が R^2 の正規直交基底となるように x, y, z を決めてください。

(ヒント : 直交するように x を決め、ノルムが 1 になるように y, z を決めます。)

5.3　外積ベクトル

力学、流体力学、電気学などにおいて重要な役割を果たす外積ベクトルについてを説明します。外積ベクトルは 3 次元に特有のものであり、ほかの次元では考えられません。

2 つの 3 次元数ベクトル $\boldsymbol{a} = \begin{pmatrix} a_1 \\ a_2 \\ a_3 \end{pmatrix}$ と $\boldsymbol{b} = \begin{pmatrix} b_1 \\ b_2 \\ b_3 \end{pmatrix}$ に対して、3 次元数ベクトル $\begin{pmatrix} a_2 b_3 - a_3 b_2 \\ a_3 b_1 - b_3 a_1 \\ a_1 b_2 - b_1 a_2 \end{pmatrix}$ を記号 $\boldsymbol{a} \times \boldsymbol{b}$ で表し、$\boldsymbol{a}$ と $\boldsymbol{b}$ の**外積ベクトル**といいます。

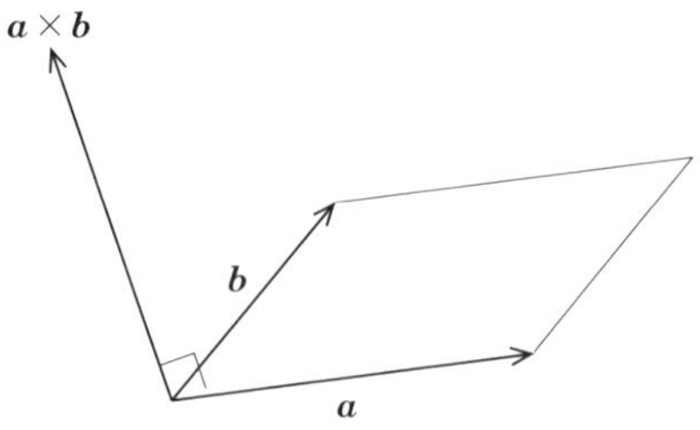

図 5.1　外積ベクトル

3 つの 3 次元数ベクトル $\boldsymbol{i}=\begin{pmatrix}1\\0\\0\end{pmatrix}$, $\boldsymbol{j}=\begin{pmatrix}0\\1\\0\end{pmatrix}$, $\boldsymbol{k}=\begin{pmatrix}0\\0\\1\end{pmatrix}$ を用いると、外積ベクトルは、

$$\boldsymbol{a}\times\boldsymbol{b}=\begin{vmatrix}a_2 & b_2\\a_3 & b_3\end{vmatrix}\boldsymbol{i}-\begin{vmatrix}a_1 & b_1\\a_3 & b_3\end{vmatrix}\boldsymbol{j}+\begin{vmatrix}a_1 & b_1\\a_2 & b_2\end{vmatrix}\boldsymbol{k}=\begin{vmatrix}a_1 & b_1 & \boldsymbol{i}\\a_2 & b_2 & \boldsymbol{j}\\a_3 & b_3 & \boldsymbol{k}\end{vmatrix}$$

と第 3 列の成分だけはベクトルとする 3 次の行列式で表すことができます。この行列式の値は数ではなくベクトルになります。この 3 次の行列式を第 3 列で展開するとすぐ前のベクトルに一致します。

さらに、3 次元数ベクトル $\boldsymbol{c}=\begin{pmatrix}c_1\\c_2\\c_3\end{pmatrix}$ との内積を考えると、

$$(\boldsymbol{a}\times\boldsymbol{b},\boldsymbol{c})=\begin{vmatrix}a_2 & b_2\\a_3 & b_3\end{vmatrix}c_1-\begin{vmatrix}a_1 & b_1\\a_3 & b_3\end{vmatrix}c_2+\begin{vmatrix}a_1 & b_1\\a_2 & b_2\end{vmatrix}c_3=\begin{vmatrix}a_1 & b_1 & c_1\\a_2 & b_2 & c_2\\a_3 & b_3 & c_3\end{vmatrix}$$

がなりたちます。特に $\boldsymbol{c}$ をそれぞれ $\boldsymbol{a}$ および $\boldsymbol{b}$ と置くと、

$$(\boldsymbol{a}\times\boldsymbol{b},\boldsymbol{a})=\begin{vmatrix}a_1 & b_1 & a_1\\a_2 & b_2 & a_2\\a_3 & b_3 & a_3\end{vmatrix}=0,\qquad(\boldsymbol{a}\times\boldsymbol{b},\boldsymbol{b})=\begin{vmatrix}a_1 & b_1 & b_1\\a_2 & b_2 & b_2\\a_3 & b_3 & b_3\end{vmatrix}=0$$

がなりたちます。2.4 節で見たように、内積が 0 ということは直交するということですので、外積ベクトル $\boldsymbol{a}\times\boldsymbol{b}$ は $\boldsymbol{a}$ および $\boldsymbol{b}$ に直交するベクトルだということになります。また、外積ベクトル $\boldsymbol{a}\times\boldsymbol{b}$ のノルムは、

$$\|\boldsymbol{a}\times\boldsymbol{b}\|=\sqrt{\begin{vmatrix}a_2 & b_2\\a_3 & b_3\end{vmatrix}^2+\begin{vmatrix}a_3 & b_3\\a_1 & b_1\end{vmatrix}^2+\begin{vmatrix}a_1 & b_1\\a_2 & b_2\end{vmatrix}^2}$$

となり、2.4 節で示した、座標空間における 2 つのベクトル $\boldsymbol{a},\boldsymbol{b}$ を 2 辺とする平行四辺形の面積に一致します。したがって、外積ベクトル $\boldsymbol{a}\times\boldsymbol{b}$ は $\boldsymbol{a}$ と

$\boldsymbol{b}$ とからできる平面に直交し、大きさがその 2 つのベクトルからできる平行四辺形の面積に等しいベクトルであるということになります。なお、外積ベクトル $\boldsymbol{a}\times\boldsymbol{b}$ とベクトル $\boldsymbol{c}$ のなす角を θ とすると、

$$\begin{vmatrix} a_1 & b_1 & c_1 \\ a_2 & b_2 & c_2 \\ a_3 & b_3 & c_3 \end{vmatrix} = (\boldsymbol{a}\times\boldsymbol{b},\boldsymbol{c}) = \|\boldsymbol{a}\times\boldsymbol{b}\| \times \|\boldsymbol{c}\|\cos\theta$$

となりますから、この 3 次の行列式の値の絶対値は、座標空間における 3 つのベクトル $\boldsymbol{a},\boldsymbol{b},\boldsymbol{c}$ を 3 辺とする平行 6 面体の体積に一致するということになります。なぜなら、$\|\boldsymbol{a}\times\boldsymbol{b}\|$ は平行 6 面体の底面の面積であり、$\|\boldsymbol{c}\|\cos\theta$ はその高さになるからです。

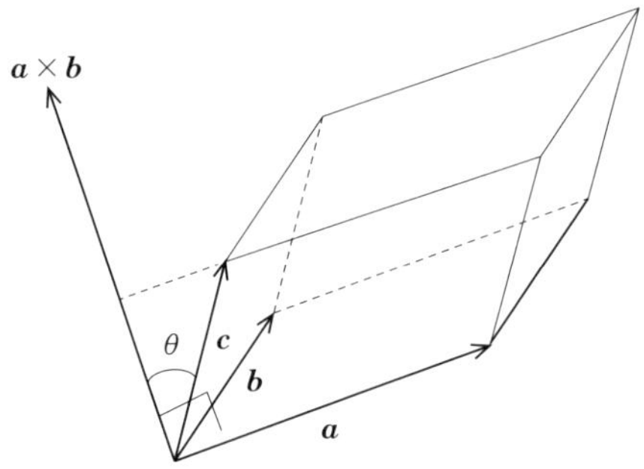

図 **5.2**　平行六面体の体積

●章末問題

章末問題 5.1　2 つの n 次元数ベクトル $\boldsymbol{x}, \boldsymbol{y}$ が直交していれば、ピタゴラスの定理 $\|\boldsymbol{x}\|^2 + \boldsymbol{y}\|^2 = \|\boldsymbol{x} + \boldsymbol{y}\|^2$ がなりたつことを示してください。

章末問題 5.2　内積とノルムの間に次の関係がなりたつことを示してください。

$$(\boldsymbol{x}, \boldsymbol{y}) = \frac{1}{4}(\|\boldsymbol{x} + \boldsymbol{y}\| - \|\boldsymbol{x} - \boldsymbol{y}\|)$$

章末問題 5.3　2 つの直交行列 A, B の積 AB は直交行列であることを示してください。

第6章

LINEAR Matrix Determinant Vector ALGEBRA

実対称行列

6.1　固有値、固有ベクトル

2×2 行列 $\begin{pmatrix} 3 & 1 \\ 4 & 0 \end{pmatrix}$ についての方程式

$$\begin{pmatrix} 3 & 1 \\ 4 & 0 \end{pmatrix} \begin{pmatrix} x \\ y \end{pmatrix} = \lambda \begin{pmatrix} x \\ y \end{pmatrix}$$

を考えます。ここで、ギリシャ文字 λ (ラムダ) を用います。これを成分で表すと連立 1 次方程式 $\begin{cases} 3x + y = \lambda x \\ 4x + 0y = \lambda y \end{cases}$ となり、さらに、移項して、

$$\begin{cases} (3-\lambda)x + y = 0 \\ 4x + (0-\lambda)y = 0 \end{cases}$$

を得ます。自明な解 $x = y = 0$ とは異なる解があるのは、4.7 節の結論から、$\begin{vmatrix} 3-\lambda & 1 \\ 4 & -\lambda \end{vmatrix} = 0$ がなりたつときです。これより 2 次方程式

$$(3-\lambda)(-\lambda) - 4 = \lambda^2 - 3\lambda - 4 = (\lambda - 4)(\lambda + 1) = 0$$

を得ます。この 2 次方程式の解である $\lambda = 4, -1$ のときに、自明でない解があるということになります。

$\lambda = 4$ のときは、連立 1 次方程式は $\begin{cases} -x + y = 0 \\ 4x - 4y = 0 \end{cases}$ となりますから、$y =$

x のとき、つまり、$\begin{pmatrix} x \\ y \end{pmatrix} = \begin{pmatrix} x \\ x \end{pmatrix} = x\begin{pmatrix} 1 \\ 1 \end{pmatrix}$ のとき、最初の方程式をみたします。例えば、$\begin{pmatrix} 3 & 1 \\ 4 & 0 \end{pmatrix}\begin{pmatrix} 1 \\ 1 \end{pmatrix} = 4\begin{pmatrix} 1 \\ 1 \end{pmatrix}$ です。

$\lambda = -1$ のときは、連立 1 次方程式は $\begin{cases} 4x + y = 0 \\ 4x + y = 0 \end{cases}$ となりますから、$y = -4x$ のとき、つまり、$\begin{pmatrix} x \\ y \end{pmatrix} = \begin{pmatrix} x \\ -4x \end{pmatrix} = x\begin{pmatrix} 1 \\ -4 \end{pmatrix}$ のとき、最初の方程式をみたします。例えば、$\begin{pmatrix} 3 & 1 \\ 4 & 0 \end{pmatrix}\begin{pmatrix} 1 \\ -4 \end{pmatrix} = -1\begin{pmatrix} 1 \\ -4 \end{pmatrix}$ です。

一般に、$n \times n$ 行列 $A = \begin{pmatrix} a_{11} & a_{12} & \cdots & a_{1n} \\ a_{21} & a_{22} & \cdots & a_{2n} \\ \vdots & \vdots & \ddots & \vdots \\ a_{n1} & a_{n2} & \cdots & a_{nn} \end{pmatrix}$ に対して $A\boldsymbol{x} = \lambda\boldsymbol{x}$ をみたす零ベクトルとは異なる n 次元数ベクトル $\boldsymbol{x}$ があるとき、λ を A の**固有値**、$\boldsymbol{x}$ を**固有ベクトル**といいます。前に計算したように、2×2 行列 $\begin{pmatrix} 3 & 1 \\ 4 & 0 \end{pmatrix}$ には固有値は 4 と -1 の 2 つあり、固有値 4 の固有ベクトルが $x\begin{pmatrix} 1 \\ 1 \end{pmatrix}$ (ただし、$x \neq 0$) であり、固有値 -1 の固有ベクトルが $x\begin{pmatrix} 1 \\ -4 \end{pmatrix}$ (ただし、$x \neq 0$) であるということになります。また、$n \times n$ 行列 A の固有値を求めるのは**固有方程式**と呼ばれる、行列式で与えられる λ についての n 次方程式 $|A - \lambda E| = 0$ (ただし、E は $n \times n$ 単位行列) を解けばよいということになります。

例　2×2 行列 $\begin{pmatrix} 5 & 2 \\ -2 & 1 \end{pmatrix}$ の固有値と固有ベクトルを求めます。固有方程式は

$$\begin{vmatrix} 5-\lambda & 2 \\ -2 & 1-\lambda \end{vmatrix} = (5-\lambda)(1-\lambda) + 4 = \lambda^2 - 6\lambda + 9 = (\lambda - 3)^2 = 0$$

ですから、固有値は 3 だけの 1 つです。固有ベクトルは $\begin{cases} 2x+2y=0 \\ -2x-2y=0 \end{cases}$ より、$y=-x$ が得られますから、固有ベクトルは、$\begin{pmatrix} x \\ y \end{pmatrix} = \begin{pmatrix} x \\ -x \end{pmatrix} = x\begin{pmatrix} 1 \\ -1 \end{pmatrix}$ (ただし、$x \neq 0$) です。例えば、$\begin{pmatrix} 5 & 2 \\ -2 & 1 \end{pmatrix}\begin{pmatrix} 1 \\ -1 \end{pmatrix} = 3\begin{pmatrix} 1 \\ -1 \end{pmatrix}$ がなりたっています。

例　2×2 行列 $\begin{pmatrix} -2 & 1 \\ -5 & 2 \end{pmatrix}$ の固有値と固有ベクトルを求めます。固有方程式は

$$\begin{vmatrix} -2-\lambda & 1 \\ -5 & 2-\lambda \end{vmatrix} = (-2-\lambda)(2-\lambda)+5 = \lambda^2+1 = 0$$

ですから、固有値は $\lambda = i, -i$ の 2 つの複素数になります。固有値は複素数ですから固有ベクトルは複素数を成分とする複素ベクトルになり、実数を成分とする実ベクトルの固有ベクトルはありません。

例で見たように 2×2 実行列についても、固有値は 2 つの実数の場合、1 つの実数の場合、2 つの複素数の場合といろいろです。

問題 6.1　次の 2×2 行列の固有値と固有ベクトルを求めてください。固有値が複素数のときは固有ベクトルを求める必要はありません。

(1) $\begin{pmatrix} 4 & -1 \\ -4 & 1 \end{pmatrix}$　　(2) $\begin{pmatrix} 3 & -1 \\ 1 & 1 \end{pmatrix}$　　(3) $\begin{pmatrix} 1 & 2 \\ -1 & 2 \end{pmatrix}$

6.2　実対称行列

$n \times n$ 実行列 A が $A^t = A$ をみたすとき、**実対称行列**といいます。ここで、A^t は A の転置行列です。2×2 実行列 $A = \begin{pmatrix} a & c \\ b & d \end{pmatrix}$ が実対称行列になるのは、$\begin{pmatrix} a & b \\ c & d \end{pmatrix} = \begin{pmatrix} a & b \\ c & d \end{pmatrix}$ がなりたつときですから、$b = c$ のときです。した

がって、$A=\begin{pmatrix} a & b \\ b & d \end{pmatrix}$ という形をしています。2×2 実対称行列については次がなりたちます。

実対称行列の固有値と固有ベクトル (1)

2×2 実対称行列 $A=\begin{pmatrix} a & b \\ b & d \end{pmatrix}$ の固有値は実数であり、正規直交基底になるような固有ベクトルが存在する。

証明　実対称行列 $\begin{pmatrix} a & b \\ b & d \end{pmatrix}$ の固有方程式は

$$\begin{vmatrix} a-\lambda & b \\ b & d-\lambda \end{vmatrix} = (a-\lambda)((d-\lambda)-b^2 = \lambda^2-(a+d)\lambda+(ad-b^2)$$
$$=0$$

です。その解である A の固有値は

$$\lambda=\frac{(a+d)\pm\sqrt{(a+d)^2-4(ac+b^2)}}{2}=\frac{(a+d)\pm k}{2}.$$

ここで、$k=\sqrt{(a-d)^2+4b^2}$ となりますから、固有値は実数です。また、

$$\begin{pmatrix} a & b \\ b & d \end{pmatrix}\begin{pmatrix} 2b \\ d-a\pm k \end{pmatrix}$$
$$=\begin{pmatrix} 2ab+b(d-a)\pm bk \\ 2b^2+d(d-a)\pm dk \end{pmatrix}=\begin{pmatrix} (a+d\pm k)b \\ \dfrac{d^2-a^2\pm 2dk+(a-d)^2+4b^2}{2} \end{pmatrix}$$
$$=\begin{pmatrix} (a+d\pm k)b \\ \dfrac{(d+a)(d-a)\pm(d+a+d-a)k+k^2}{2} \end{pmatrix}$$

$$= \frac{a+d\pm k}{2}\begin{pmatrix} 2b \\ d-a\pm k \end{pmatrix}$$

がなりたちます。すなわち、$d \neq 0$ の場合は、$\begin{pmatrix} 2b \\ d-a\pm k \end{pmatrix}$ が固有ベクトルになっています。これら 2 つの固有ベクトルの内積は、

$$\left(\begin{pmatrix} 2b \\ d-a+k \end{pmatrix}, \begin{pmatrix} 2b \\ d-a-k \end{pmatrix}\right) = 4b^2 + (d-a)^2 - k^2 = 0$$

ですから、互いに直交しています。したがって、それぞれのノルムで割ったベクトルは、正規直交基底となる固有ベクトルです。$d = 0$ の場合は、行列は、$A = \begin{pmatrix} a & 0 \\ 0 & d \end{pmatrix}$ となり、a と d が固有値であり、$\begin{pmatrix} 1 \\ 0 \end{pmatrix}, \begin{pmatrix} 0 \\ 1 \end{pmatrix}$ が R^2 の正規直交基底となる固有ベクトルです。 ■

例 2×2 実対称行列 $\begin{pmatrix} 2 & -1 \\ -1 & 2 \end{pmatrix}$ の固有方程式は

$$\begin{vmatrix} 2-\lambda & -1 \\ -1 & 2-\lambda \end{vmatrix} = (2-\lambda)^2 - 1 = \lambda^2 - 4\lambda + 3 = (\lambda-1)(\lambda-3) = 0$$

だから、固有値は $\lambda = 1, 3$ の 2 つの実数です。 固有値 1 の固有ベクトルの 1 つは、連立 1 次方程式 $\begin{cases} (2-1)x - 1y = 0 \\ -1x + (2-1)y = 0 \end{cases}$ をみたす $x = 1,\ y = 1$ を並べてつくる $\begin{pmatrix} 1 \\ 1 \end{pmatrix}$ です。 固有値 3 の固有ベクトルの 1 つは、連立 1 次方程式 $\begin{cases} (2-3)x - 1y = 0 \\ -1x + (2-3)y = 0 \end{cases}$ をみたす $x = 1,\ y = -1$ を並べてつくる $\begin{pmatrix} 1 \\ -1 \end{pmatrix}$ です。2 つの固有ベクトル $\begin{pmatrix} 1 \\ 1 \end{pmatrix}, \begin{pmatrix} 1 \\ -1 \end{pmatrix}$ の内積を計算すると、$1 \times 1 + 1 \times (-1) = 0$ ですから、これらの固有ベクトルは直交しています。また、これらの固有ベクトルのノルムはともに $\sqrt{2}$ ですから、$\frac{1}{\sqrt{2}}\begin{pmatrix} 1 \\ 1 \end{pmatrix}, \frac{1}{\sqrt{2}}\begin{pmatrix} 1 \\ -1 \end{pmatrix}$ は R^2 の正規直交基底となる固有ベクトルです。一般に次がなりたちます。

実対称行列の固有値と固有ベクトル (2)

$n \times n$ 実対称行列の固有値は実数であり、R^n の正規直交基底になるような固有ベクトルが存在する。

証明　固有値が実数になることについては、複素数を成分とするベクトルと複素内積と呼ばれるものを使って証明できます (8.2 節)。このことを用いて、正規直交基底になるような固有ベクトルが存在することを、あらためて n についての数学的帰納法によって証明しておきます。$n=1$ のときは、A は 1×1 実行列実数ですから、$A=(a)$ とします。$A(1)=(a)(1)=a(1)$ ですから、1 次元数ベクトル (1) は R^1 の直交基底であり、固有ベクトルです。したがって、$n=1$ のときは固有ベクトルからなる正規直交基底があることになります。$(n-1)\times(n-1)$ 実対称行列について固有ベクトルからなる R^{n-1} の正規直交基底があるものと仮定します。A を $n\times n$ 実対称行列とします。A の固有値の一つを λ_1 とし、それに対する固有ベクトルを $\boldsymbol{d}_1$ $(\|\boldsymbol{d}_1\|=1)$ とします。λ_1 は実数です。$\boldsymbol{d}_1, \boldsymbol{d}_2, \cdots, \boldsymbol{d}_n$ を R^n の正規直交基底になるようにとります (シュミットの直交化法によりとることができます) と、

$$
\begin{aligned}
A\boldsymbol{d}_1 &= \lambda_1 \boldsymbol{d}_1 \\
A\boldsymbol{d}_2 &= b_{21}\boldsymbol{d}_1 + b_{22}\boldsymbol{d}_2 + \cdots + b_{2n}\boldsymbol{b}_n \\
\vdots \quad & \quad \vdots \\
A\boldsymbol{d}_n &= b_{n1}\boldsymbol{d}_1 + b_{n2}\boldsymbol{d}_2 + \cdots + b_{nn}\boldsymbol{b}_n
\end{aligned}
$$

をみたす $n(n-1)$ 個の実数 $b_{21}, b_{22}, \cdots, b_{2n}, \cdots, b_{n1}, \cdots, b_{nn}$ が定まります。これらの等式を行列で表すと、

$$
A\begin{pmatrix} \boldsymbol{d}_1 & \boldsymbol{d}_2 & \cdots & \boldsymbol{d}_n \end{pmatrix} = \begin{pmatrix} \boldsymbol{d}_1 & \boldsymbol{d}_2 & \cdots & \boldsymbol{d}_n \end{pmatrix} \begin{pmatrix} \lambda_1 & b_{21} & \cdots & b_{n1} \\ 0 & b_{22} & \cdots & b_{n2} \\ \vdots & \vdots & \ddots & \vdots \\ 0 & b_{2n} & \cdots & b_{nn} \end{pmatrix}
$$

となります。$\begin{pmatrix} \boldsymbol{d}_1 & \boldsymbol{d}_2 & \cdots & \boldsymbol{d}_n \end{pmatrix}$ は直交行列ですから、

$$\begin{pmatrix} \lambda_1 & b_{21} & \cdots & b_{n1} \\ 0 & b_{22} & \cdots & b_{n2} \\ \vdots & \vdots & \ddots & \vdots \\ 0 & b_{2n} & \cdots & b_{nn} \end{pmatrix} = \begin{pmatrix} \boldsymbol{d}_1 & \boldsymbol{d}_2 & \cdots & \boldsymbol{d}_n \end{pmatrix}^t A \begin{pmatrix} \boldsymbol{d}_1 & \boldsymbol{d}_2 & \cdots & \boldsymbol{d}_n \end{pmatrix}$$

となり、A は実対称行列ですので、

$$\begin{aligned} \begin{pmatrix} \lambda_1 & 0 & \cdots & 0 \\ b_{21} & b_{22} & \cdots & b_{2n} \\ \vdots & \vdots & \ddots & \vdots \\ b_{n1} & b_{n2} & \cdots & b_{nn} \end{pmatrix} &= \begin{pmatrix} \lambda_1 & b_{21} & \cdots & b_{n1} \\ 0 & b_{22} & \cdots & b_{n2} \\ \vdots & \vdots & \ddots & \vdots \\ 0 & b_{2n} & \cdots & b_{nn} \end{pmatrix}^t \\ &= \begin{pmatrix} \boldsymbol{d}_1 & \boldsymbol{d}_2 & \cdots & \boldsymbol{d}_n \end{pmatrix}^t A^t \begin{pmatrix} \boldsymbol{d}_1 & \boldsymbol{d}_2 & \cdots & \boldsymbol{d}_n \end{pmatrix} \\ &= \begin{pmatrix} \boldsymbol{d}_1 & \boldsymbol{d}_2 & \cdots & \boldsymbol{d}_n \end{pmatrix}^t A \begin{pmatrix} \boldsymbol{d}_1 & \boldsymbol{d}_2 & \cdots & \boldsymbol{d}_n \end{pmatrix} \\ &= \begin{pmatrix} \lambda_1 & b_{21} & \cdots & b_{n1} \\ 0 & b_{22} & \cdots & b_{n2} \\ \vdots & \vdots & \ddots & \vdots \\ 0 & b_{2n} & \cdots & b_{nn} \end{pmatrix} \end{aligned}$$

がなりたちますから、$b_{21} = b_{31} = \cdots = b_{n1} = 0$ となり、

$$B = \begin{pmatrix} b_{22} & \cdots & b_{n2} \\ \vdots & \ddots & \vdots \\ b_{2n} & \cdots & b_{nn} \end{pmatrix}$$

と置くと、B は $(n-1) \times (n-1)$ 実対称行列になります。帰納法の仮定より、$B \begin{pmatrix} \boldsymbol{f}_2 & \cdots & \boldsymbol{f}_n \end{pmatrix} = \begin{pmatrix} \lambda_2 \boldsymbol{f}_2 & \cdots & \lambda_n \boldsymbol{f}_n \end{pmatrix}$ をみたす R^{n-1} の正規直交基底 $\boldsymbol{f}_2, \cdots, \boldsymbol{f}_n$ と $n-1$ 個の実数 $\lambda_2, \cdots, \lambda_n$ が存在します。

$$\begin{pmatrix} \boldsymbol{c}_1 & \boldsymbol{c}_2 & \cdots & \boldsymbol{c}_n \end{pmatrix} = \begin{pmatrix} \boldsymbol{d}_1 & \boldsymbol{d}_2 & \cdots & \boldsymbol{d}_n \end{pmatrix} \begin{pmatrix} 1 & 0 & \cdots & 0 \\ \boldsymbol{0} & \boldsymbol{f}_2 & \cdots & \boldsymbol{f}_n \end{pmatrix}$$

と置くと、$\begin{pmatrix} \boldsymbol{d}_1 & \boldsymbol{d}_2 & \cdots & \boldsymbol{d}_n \end{pmatrix}$、および $\begin{pmatrix} 1 & 0 & \cdots & 0 \\ \boldsymbol{0} & \boldsymbol{f}_2 & \cdots & \boldsymbol{f}_n \end{pmatrix}$ はともに直交行列ですから、

$$\begin{aligned}
&\begin{pmatrix} \boldsymbol{c}_1 & \boldsymbol{c}_2 & \cdots & \boldsymbol{c}_n \end{pmatrix}^t \begin{pmatrix} \boldsymbol{c}_1 & \boldsymbol{c}_2 & \cdots & \boldsymbol{c}_n \end{pmatrix} \\
&\quad = \begin{pmatrix} 1 & 0 & \cdots & 0 \\ \boldsymbol{0} & \boldsymbol{f}_2 & \cdots & \boldsymbol{f}_n \end{pmatrix}^t \begin{pmatrix} \boldsymbol{d}_1 & \boldsymbol{d}_2 & \cdots & \boldsymbol{d}_n \end{pmatrix}^t \\
&\qquad \times \begin{pmatrix} \boldsymbol{d}_1 & \boldsymbol{d}_2 & \cdots & \boldsymbol{d}_n \end{pmatrix} \begin{pmatrix} 1 & 0 & \cdots & 0 \\ \boldsymbol{0} & \boldsymbol{f}_2 & \cdots & \boldsymbol{f}_n \end{pmatrix} \\
&\quad = \begin{pmatrix} 1 & 0 & \cdots & 0 \\ \boldsymbol{0} & \boldsymbol{f}_2 & \cdots & \boldsymbol{f}_n \end{pmatrix}^t \begin{pmatrix} 1 & 0 & \cdots & 0 \\ 0 & 1 & \cdots & 0 \\ \vdots & \vdots & \ddots & \vdots \\ 0 & 0 & \cdots & 1 \end{pmatrix} \begin{pmatrix} 1 & 0 & \cdots & 0 \\ \boldsymbol{0} & \boldsymbol{f}_2 & \cdots & \boldsymbol{f}_n \end{pmatrix} \\
&\quad = \begin{pmatrix} 1 & 0 & \cdots & 0 \\ 0 & 1 & \cdots & 0 \\ \vdots & \vdots & \ddots & \vdots \\ 0 & 0 & \cdots & 1 \end{pmatrix}
\end{aligned}$$

がなりたち、$\begin{pmatrix} \boldsymbol{c}_1 & \boldsymbol{c}_2 & \cdots & \boldsymbol{c}_n \end{pmatrix}$ は直交行列ですので、$\boldsymbol{c}_1, \boldsymbol{c}_2, \cdots, \boldsymbol{c}_n$ は R^n の正規直交基底ということになります。さらに、

$$\begin{aligned}
&A \begin{pmatrix} \boldsymbol{c}_1 & \boldsymbol{c}_2 & \cdots & \boldsymbol{c}_n \end{pmatrix} \\
&\qquad = A \begin{pmatrix} \boldsymbol{d}_1 & \boldsymbol{d}_2 & \cdots & \boldsymbol{d}_n \end{pmatrix} \begin{pmatrix} 1 & 0 & \cdots & 0 \\ \boldsymbol{0} & \boldsymbol{f}_2 & \cdots & \boldsymbol{f}_n \end{pmatrix}
\end{aligned}$$

$$
= \begin{pmatrix} \boldsymbol{d}_1 & \boldsymbol{d}_2 & \cdots & \boldsymbol{d}_n \end{pmatrix} \begin{pmatrix} \lambda_1 & 0 & \cdots & 0 \\ 0 & & & \\ \vdots & & B & \\ 0 & & & \end{pmatrix} \begin{pmatrix} 1 & 0 & \cdots & 0 \\ \boldsymbol{0} & \boldsymbol{f}_2 & \cdots & \boldsymbol{f}_n \end{pmatrix}
$$

$$
= \begin{pmatrix} \boldsymbol{d}_1 & \boldsymbol{d}_2 & \cdots & \boldsymbol{d}_n \end{pmatrix} \begin{pmatrix} \lambda_1 & 0 & \cdots & 0 \\ \boldsymbol{0} & B\boldsymbol{f}_2 & \cdots & B\boldsymbol{f}_n \end{pmatrix}
$$

$$
= \begin{pmatrix} \boldsymbol{d}_1 & \boldsymbol{d}_2 & \cdots & \boldsymbol{d}_n \end{pmatrix} \begin{pmatrix} \lambda_1 & 0 & \cdots & 0 \\ \boldsymbol{0} & \lambda_2\boldsymbol{f}_2 & \cdots & \lambda_n\boldsymbol{f}_n \end{pmatrix}
$$

$$
= \begin{pmatrix} \boldsymbol{d}_1 & \boldsymbol{d}_2 & \cdots & \boldsymbol{d}_n \end{pmatrix} \begin{pmatrix} 1 & 0 & \cdots & 0 \\ \boldsymbol{0} & \boldsymbol{f}_2 & \cdots & \boldsymbol{f}_n \end{pmatrix} \begin{pmatrix} \lambda_1 & 0 & \cdots & 0 \\ 0 & \lambda_2 & \cdots & 0 \\ 0 & \vdots & \ddots & \vdots \\ 0 & 0 & \cdots & \lambda_n \end{pmatrix}
$$

$$
= \begin{pmatrix} \boldsymbol{c}_1 & \boldsymbol{c}_2 & \cdots & \boldsymbol{c}_n \end{pmatrix} \begin{pmatrix} \lambda_1 & 0 & \cdots & 0 \\ 0 & \lambda_2 & \cdots & 0 \\ 0 & \vdots & \ddots & \vdots \\ 0 & 0 & \cdots & \lambda_n \end{pmatrix}
$$

$$
= \begin{pmatrix} \lambda_1\boldsymbol{c}_1 & \lambda_2\boldsymbol{c}_2 & \cdots & \lambda_n\boldsymbol{c}_n \end{pmatrix}
$$

がなりたつので、n のときも、固有ベクトルからなる正規直交基底が存在します。したがって、すべての実対称行列に対して固有ベクトルからなる正規直交基底が存在することを示すことができました。 ■

$n \times n$ 実対称行列 A の正規直交基底となる固有ベクトルを $\boldsymbol{c}_1, \boldsymbol{c}_2, \cdots, \boldsymbol{c}_n$ とし、対応する固有ベクトルを $\lambda_1, \lambda_2, \cdots, \lambda_n$ とすると、

$$
\begin{aligned}
A \begin{pmatrix} \boldsymbol{c}_1 & \boldsymbol{c}_2 & \cdots & \boldsymbol{c}_n \end{pmatrix} &= \begin{pmatrix} A\boldsymbol{c}_1 & A\boldsymbol{c}_2 & \cdots & A\boldsymbol{c}_n \end{pmatrix} \\
&= \begin{pmatrix} \lambda_1\boldsymbol{c}_1 & \lambda_2\boldsymbol{c}_2 & \cdots & \lambda_n\boldsymbol{c}_n \end{pmatrix}
\end{aligned}
$$

$$= \begin{pmatrix} \boldsymbol{c}_1 & \boldsymbol{c}_2 & \cdots & \boldsymbol{c}_n \end{pmatrix} \begin{pmatrix} \lambda_1 & 0 & \cdots & 0 \\ 0 & \lambda_2 & \cdots & 0 \\ \vdots & \vdots & \ddots & \vdots \\ 0 & 0 & \cdots & \lambda_n \end{pmatrix}$$

がなりたちます。$C = \begin{pmatrix} \boldsymbol{c}_1 & \boldsymbol{c}_2 & \cdots & \boldsymbol{c}_n \end{pmatrix}$ と置くと、C は直交行列になりますから、上の等式に右から C^t をかけることによって、

$$A = C \begin{pmatrix} \lambda_1 & 0 & \cdots & 0 \\ 0 & \lambda_2 & \cdots & 0 \\ \vdots & \vdots & \ddots & \vdots \\ 0 & 0 & \cdots & \lambda_n \end{pmatrix} C^t$$

あるいは、

$$C^t A C = \begin{pmatrix} \lambda_1 & 0 & \cdots & 0 \\ 0 & \lambda_2 & \cdots & 0 \\ \vdots & \vdots & \ddots & \vdots \\ 0 & 0 & \cdots & \lambda_n \end{pmatrix}$$

がなりたちます。これを実対称行列の**直交行列による対角化**といいます。

実対称行列の直交化を具体的に計算するとき次の性質は役に立ちます。

実対称行列の固有ベクトルの直交性

実対称行列の異なる固有値に対する固有ベクトルは直交する。

証明 A を実対称行列として、$A\boldsymbol{x} = \lambda\boldsymbol{x},\ \boldsymbol{x} \neq \boldsymbol{0},\ A\boldsymbol{y} = \mu\boldsymbol{y},\ \boldsymbol{y} \neq \boldsymbol{0},\ \lambda \neq \mu$ とすると、

$$\begin{aligned} \lambda(\boldsymbol{x}, \boldsymbol{y}) &= (\lambda\boldsymbol{x}, \boldsymbol{y}) = (A\boldsymbol{x}, \boldsymbol{y}) = \boldsymbol{y}^t(A\boldsymbol{x}) = (A^t\boldsymbol{y})^t\boldsymbol{x} \\ &= (\boldsymbol{x}, A^t\boldsymbol{y}) = (\boldsymbol{x}, A\boldsymbol{y}) = (\boldsymbol{x}, \mu\boldsymbol{y}) = \mu(\boldsymbol{x}, \boldsymbol{y}) \end{aligned}$$

がなりたち、$\lambda \neq \mu$ ですから、$(\boldsymbol{x}, \boldsymbol{y}) = 0$。すなわち、$\boldsymbol{x}$ と $\boldsymbol{y}$ は直交します。

■

6.3　2 次式の標準形

2 つの変数 x, y の 2 次式 $ax^2 + by^2 + 2cxy$ は

$$ax^2 + by^2 + 2cxy = \begin{pmatrix} x & y \end{pmatrix} \begin{pmatrix} a & c \\ c & b \end{pmatrix} \begin{pmatrix} x \\ y \end{pmatrix}$$

と行列を用いて表すことができます。なぜなら、

$$右辺 = \begin{pmatrix} x & y \end{pmatrix} \begin{pmatrix} ax + cy \\ cx + by \end{pmatrix} = x(ax + cy) + y(cx + by) = 左辺$$

だからです。2×2 実対称行列 $A = \begin{pmatrix} a & c \\ c & b \end{pmatrix}$ は直交行列 $\begin{pmatrix} c_{11} & c_{12} \\ c_{21} & c_{22} \end{pmatrix}$ によって、

$$\begin{pmatrix} a & c \\ c & b \end{pmatrix} = \begin{pmatrix} c_{11} & c_{12} \\ c_{21} & c_{22} \end{pmatrix} \begin{pmatrix} \lambda_1 & 0 \\ 0 & \lambda_2 \end{pmatrix} \begin{pmatrix} c_{11} & c_{21} \\ c_{12} & c_{22} \end{pmatrix}$$

と表すことができました。ここで、λ_1, λ_2 は実対称行列 A の固有値で、直交行列は A の固有ベクトルからできた正規直交基底を並べてつくったものでした。したがって、

$$\begin{aligned} &ax^2 + by^2 + 2cxy \\ &\quad = \begin{pmatrix} x & y \end{pmatrix} \begin{pmatrix} c_{11} & c_{12} \\ c_{21} & c_{22} \end{pmatrix} \begin{pmatrix} \lambda_1 & 0 \\ 0 & \lambda_2 \end{pmatrix} \begin{pmatrix} c_{11} & c_{21} \\ c_{12} & c_{22} \end{pmatrix} \begin{pmatrix} x \\ y \end{pmatrix} \end{aligned}$$

となります。$\begin{pmatrix} u \\ v \end{pmatrix} = \begin{pmatrix} c_{11} & c_{21} \\ c_{12} & c_{22} \end{pmatrix} \begin{pmatrix} x \\ y \end{pmatrix}$ と置きます。これは直交行列による変数変換ですから**直交変換**といいます。両辺の転置行列を考えると、$\begin{pmatrix} u & v \end{pmatrix} = \begin{pmatrix} x & y \end{pmatrix} \begin{pmatrix} c_{11} & c_{12} \\ c_{21} & c_{22} \end{pmatrix}$ がなりたちますから、

$$ax^2 + by^2 + 2cxy = \begin{pmatrix} u & v \end{pmatrix} \begin{pmatrix} \lambda_1 & 0 \\ 0 & \lambda_2 \end{pmatrix} \begin{pmatrix} u \\ v \end{pmatrix} = \lambda_1 u^2 + \lambda_2 v^2$$

となります。この最右辺は 2 乗の項だけからなる 2 次式ですので、2 変数の 2 次式の**標準形**といいます。

例 2 つの変数 x, y の 2 次式 $2x^2 + 2y^2 - 2xy$ は、

$$2x^2 + 2y^2 - 2xy = \begin{pmatrix} x & y \end{pmatrix} \begin{pmatrix} 2 & -1 \\ -1 & 2 \end{pmatrix} \begin{pmatrix} x \\ y \end{pmatrix}$$

と行列を用いて表すことができます。

$$\begin{pmatrix} 2 & -1 \\ -1 & 2 \end{pmatrix} \begin{pmatrix} \frac{1}{\sqrt{2}} & \frac{1}{\sqrt{2}} \\ \frac{1}{\sqrt{2}} & \frac{-1}{\sqrt{2}} \end{pmatrix} = \begin{pmatrix} \frac{1}{\sqrt{2}} & \frac{1}{\sqrt{2}} \\ \frac{1}{\sqrt{2}} & \frac{-1}{\sqrt{2}} \end{pmatrix} \begin{pmatrix} 1 & 0 \\ 0 & 3 \end{pmatrix}$$

と表せましたから (6.2 節)、

$$\begin{aligned} &\begin{pmatrix} x & y \end{pmatrix} \begin{pmatrix} 2 & -1 \\ -1 & 2 \end{pmatrix} \begin{pmatrix} x \\ y \end{pmatrix} \\ &\qquad = \begin{pmatrix} x & y \end{pmatrix} \begin{pmatrix} \frac{1}{\sqrt{2}} & \frac{1}{\sqrt{2}} \\ \frac{1}{\sqrt{2}} & \frac{-1}{\sqrt{2}} \end{pmatrix} \begin{pmatrix} 1 & 0 \\ 0 & 3 \end{pmatrix} \begin{pmatrix} \frac{1}{\sqrt{2}} & \frac{1}{\sqrt{2}} \\ \frac{1}{\sqrt{2}} & \frac{-1}{\sqrt{2}} \end{pmatrix} \begin{pmatrix} x \\ y \end{pmatrix}. \end{aligned}$$

$\begin{pmatrix} u \\ v \end{pmatrix} = \begin{pmatrix} \frac{1}{\sqrt{2}} & \frac{1}{\sqrt{2}} \\ \frac{1}{\sqrt{2}} & \frac{-1}{\sqrt{2}} \end{pmatrix} \begin{pmatrix} x \\ y \end{pmatrix}$ と直交変換すると、

$$2x^2 + 2y^2 - 2xy = \begin{pmatrix} u & v \end{pmatrix} \begin{pmatrix} 1 & 0 \\ 0 & 3 \end{pmatrix} \begin{pmatrix} u \\ v \end{pmatrix} = u^2 + 3v^2$$

と標準形で表せます。これより $2x^2 + 2y^2 - 2xy$ は負の値をとらないことがわ

かります。

例 2 つの変数 x, y の 2 次式 $x^2 - 4xy + y^2$ は、

$$x^2 - 4xy + y^2 = \begin{pmatrix} x & y \end{pmatrix} \begin{pmatrix} 1 & -2 \\ -2 & 1 \end{pmatrix} \begin{pmatrix} x \\ y \end{pmatrix}$$

と行列を用いて表すことができます。

$$\begin{vmatrix} 1-\lambda & -2 \\ -2 & 1-\lambda \end{vmatrix} = (1-\lambda)^2 - 4 = (\lambda - 3)(\lambda + 1) = 0$$

より、この実対称行列の固有値は 3 と -1 ですから、直交変換により、$x^2 - 4xy + y^2 = 3u^2 - v^2$ と表せます。したがって、$x^2 - 4xy + y^2$ は正、負、0 の値をとります。

問題 6.2 2 つの変数 x, y の 2 次式 $5x^2 - 4xy + 5y^2$ の直交変換による標準形を求めてください。

例 3 変数の 2 次式 $2xy + 2yz + 2zx$ の標準形を求めます。

この 2 次式は $2xy + 2yz + 2zx = \begin{pmatrix} x & y & z \end{pmatrix} \begin{pmatrix} 0 & 1 & 1 \\ 1 & 0 & 1 \\ 1 & 1 & 0 \end{pmatrix} \begin{pmatrix} x \\ y \\ z \end{pmatrix}$ と実対称行列を用いて表せます。この実対称行列の固有値を求めます。

$$\begin{vmatrix} -\lambda & 1 & 1 \\ 1 & -\lambda & 1 \\ 1 & 1 & -\lambda \end{vmatrix} = \begin{vmatrix} -\lambda+2 & -\lambda+2 & -\lambda+2 \\ 1 & -\lambda & 1 \\ 1 & 1 & -\lambda \end{vmatrix}$$

$$= (-\lambda+2) \begin{vmatrix} 1 & 1 & 1 \\ 1 & -\lambda & 1 \\ 1 & 1 & -\lambda \end{vmatrix}$$

$$= (-\lambda+2) \begin{vmatrix} 1 & 0 & 0 \\ 1 & -\lambda-1 & 0 \\ 1 & 0 & -\lambda-1 \end{vmatrix}$$

$$= (-\lambda + 2) \begin{vmatrix} -\lambda - 1 & 0 \\ 0 & -\lambda - 1 \end{vmatrix}$$

$$= (-\lambda + 2)(-\lambda - 1)^2 = -(\lambda - 2)(\lambda + 1)^2 = 0$$

となりますから、固有値は $\lambda = 2, -1$ です。上の計算においては、まず、第 2 行と第 3 行を第 1 行に加えました。$(-\lambda + 2)$ を行列式の外に出した後は、第 1 列を第 2 列、第 3 列からそれぞれ引きました。

固有値 $\lambda = 2$ に対する固有ベクトルは $\begin{pmatrix} 0 & 1 & 1 \\ 1 & 0 & 1 \\ 1 & 1 & 0 \end{pmatrix} \begin{pmatrix} x \\ y \\ z \end{pmatrix} = 2 \begin{pmatrix} x \\ y \\ z \end{pmatrix}$ より得られる連立 1 次方程式 $\begin{cases} y + z = 2x \\ x + y = 2y \\ x + y = 2z \end{cases}$ より、$x + y + z = 3x = 3y = 3z$ が得られ、これより、$x = y = z$ となりますので、これをみたす、例えば、$\begin{pmatrix} 1 \\ 1 \\ 1 \end{pmatrix}$ が固有ベクトルです。

固有値 $\lambda = -1$ に対する固有ベクトルは $\begin{pmatrix} 0 & 1 & 1 \\ 1 & 0 & 1 \\ 1 & 1 & 0 \end{pmatrix} \begin{pmatrix} x \\ y \\ z \end{pmatrix} = - \begin{pmatrix} x \\ y \\ z \end{pmatrix}$ より得られる連立 1 次方程式 $\begin{cases} y + z = -x \\ x + y = -y \\ x + y = -z \end{cases}$ より、$x + y + z = 0$ が得られます。これをみたす、例えば、$\begin{pmatrix} 1 \\ -1 \\ 0 \end{pmatrix}$ は固有ベクトルです。このほかに、これに直交する固有ベクトルがあります。それを $\begin{pmatrix} x \\ y \\ z \end{pmatrix}$ とすると、内積は

$\left(\begin{pmatrix}1\\-1\\0\end{pmatrix},\begin{pmatrix}x\\y\\z\end{pmatrix}\right)=x-y=0$ ですから、$x=y$ となり、これと $x+y+z=0$ の両方をみたす、例えば、$\begin{pmatrix}1\\1\\-2\end{pmatrix}$ が固有ベクトルです。最初の固有ベクトルと後の 2 つの固有ベクトルは固有値が異なりますから直交しています。これら 3 つの固有ベクトルをそれぞれそのノルムで割って並べると、直交化の式

$$\begin{pmatrix}0&1&1\\1&0&1\\1&1&0\end{pmatrix}=\begin{pmatrix}\frac{1}{\sqrt{3}}&\frac{1}{\sqrt{3}}&\frac{1}{\sqrt{3}}\\\frac{1}{\sqrt{2}}&\frac{-1}{\sqrt{2}}&0\\\frac{1}{\sqrt{6}}&\frac{1}{\sqrt{6}}&\frac{-2}{\sqrt{6}}\end{pmatrix}\begin{pmatrix}2&0&0\\0&-1&0\\0&0&-1\end{pmatrix}\begin{pmatrix}\frac{1}{\sqrt{3}}&\frac{1}{\sqrt{2}}&\frac{1}{\sqrt{6}}\\\frac{1}{\sqrt{3}}&\frac{-1}{\sqrt{2}}&\frac{1}{\sqrt{6}}\\\frac{1}{\sqrt{3}}&0&\frac{-2}{\sqrt{6}}\end{pmatrix}$$

がなりたちます。

直交変換 $\begin{pmatrix}u\\v\\w\end{pmatrix}=\begin{pmatrix}\frac{1}{\sqrt{3}}&\frac{1}{\sqrt{2}}&\frac{1}{\sqrt{6}}\\\frac{1}{\sqrt{3}}&\frac{-1}{\sqrt{2}}&\frac{1}{\sqrt{6}}\\\frac{1}{\sqrt{3}}&0&\frac{-2}{\sqrt{6}}\end{pmatrix}\begin{pmatrix}x\\y\\z\end{pmatrix}$ をすると、直交行列だから、

$$\begin{pmatrix}x&y&z\end{pmatrix}\begin{pmatrix}\frac{1}{\sqrt{3}}&\frac{1}{\sqrt{3}}&\frac{1}{\sqrt{3}}\\\frac{1}{\sqrt{2}}&\frac{-1}{\sqrt{2}}&0\\\frac{1}{\sqrt{6}}&\frac{1}{\sqrt{6}}&\frac{-2}{\sqrt{6}}\end{pmatrix}=\begin{pmatrix}u&v&w\end{pmatrix}$$

がなりたちますので、

$$
\begin{aligned}
&2xy+2yz+2zx\\
&=\begin{pmatrix} x & y & z \end{pmatrix}\begin{pmatrix} \frac{1}{\sqrt{3}} & \frac{1}{\sqrt{3}} & \frac{1}{\sqrt{3}} \\ \frac{1}{\sqrt{2}} & \frac{-1}{\sqrt{2}} & 0 \\ \frac{1}{\sqrt{6}} & \frac{1}{\sqrt{6}} & \frac{-2}{\sqrt{6}} \end{pmatrix}\begin{pmatrix} 2 & 0 & 0 \\ 0 & -1 & 0 \\ 0 & 0 & -1 \end{pmatrix}\\
&\quad\times\begin{pmatrix} \frac{1}{\sqrt{3}} & \frac{1}{\sqrt{2}} & \frac{1}{\sqrt{6}} \\ \frac{1}{\sqrt{3}} & \frac{-1}{\sqrt{2}} & \frac{1}{\sqrt{6}} \\ \frac{1}{\sqrt{3}} & 0 & \frac{-2}{\sqrt{6}} \end{pmatrix}\begin{pmatrix} x \\ y \\ z \end{pmatrix}\\
&=\begin{pmatrix} u & v & w \end{pmatrix}\begin{pmatrix} 2 & 0 & 0 \\ 0 & -1 & 0 \\ 0 & 0 & -1 \end{pmatrix}\begin{pmatrix} u \\ v \\ w \end{pmatrix}=2u^2-v^2-w^2
\end{aligned}
$$

と標準形を求めることができました。したがって、2 次式 $2xy+2yz+2zx$ は正、負、0 の値をとります。

同様に、次のことがなりたちます。

n 変数の 2 次式の標準形

n 変数の 2 次式は直交変換することによって、$\lambda_1 u_1^2+\lambda_2 u_2^2+\cdots+\lambda_n u_n^2$ と標準形で表すことができる。ここで、$\lambda_1, \lambda_2, \cdots, \lambda_n$ は 2 次式の係数から決まる $n\times n$ 実対称行列の固有値である。

6.4 実対称行列の n 乗の計算

例 2×2 実対称行列 $A=\begin{pmatrix} 2 & -1 \\ -1 & 2 \end{pmatrix}$ の固有値は $\lambda=1,3$ でした (6.2 節)。固有値 1 に対するノルム 1 の固有ベクトルは $\begin{pmatrix} \frac{1}{\sqrt{2}} \\ \frac{1}{\sqrt{2}} \end{pmatrix}$ でした。固有値 3 に対するノルム 1 の固有ベクトルは、$\begin{pmatrix} \frac{1}{\sqrt{2}} \\ \frac{-1}{\sqrt{2}} \end{pmatrix}$ でした。したがって、これらを並べて $C=\begin{pmatrix} \frac{1}{\sqrt{2}} & \frac{1}{\sqrt{2}} \\ \frac{1}{\sqrt{2}} & \frac{-1}{\sqrt{2}} \end{pmatrix}$ と置くと、C は直交行列になり、

$$A=C\begin{pmatrix} 1 & 0 \\ 0 & 3 \end{pmatrix}C^t$$

がなりたちます。したがって、

$$\begin{aligned}
A^2 &= C\begin{pmatrix} 1 & 0 \\ 0 & 3 \end{pmatrix}C^tC\begin{pmatrix} 1 & 0 \\ 0 & 3 \end{pmatrix}C^t \\
&= C\begin{pmatrix} 1 & 0 \\ 0 & 3 \end{pmatrix}\begin{pmatrix} 1 & 0 \\ 0 & 1 \end{pmatrix}\begin{pmatrix} 1 & 0 \\ 0 & 3 \end{pmatrix}C^t = C\begin{pmatrix} 1 & 0 \\ 0 & 3 \end{pmatrix}^2C^t \\
&= C\begin{pmatrix} 1^2 & 0 \\ 0 & 3^2 \end{pmatrix}C^t
\end{aligned}$$

となり、同様にして、すべての自然数 n について

$$A^n=C\begin{pmatrix} 1^n & 0 \\ 0 & 3^n \end{pmatrix}C^t$$

となります。したがって、

$$\begin{pmatrix} 2 & -1 \\ -1 & 2 \end{pmatrix}^n = \begin{pmatrix} \frac{1}{\sqrt{2}} & \frac{1}{\sqrt{2}} \\ \frac{1}{\sqrt{2}} & \frac{-1}{\sqrt{2}} \end{pmatrix} \begin{pmatrix} 1 & 0 \\ 0 & 3^n \end{pmatrix} \begin{pmatrix} \frac{1}{\sqrt{2}} & \frac{1}{\sqrt{2}} \\ \frac{1}{\sqrt{2}} & \frac{-1}{\sqrt{2}} \end{pmatrix}$$

$$= \frac{1}{2} \begin{pmatrix} 1 & 1 \\ 1 & -1 \end{pmatrix} \begin{pmatrix} 1 & 0 \\ 0 & 3^n \end{pmatrix} \begin{pmatrix} 1 & 1 \\ 1 & -1 \end{pmatrix}$$

$$= \frac{1}{2} \begin{pmatrix} 1 & 3^n \\ 1 & -3^n \end{pmatrix} \begin{pmatrix} 1 & 1 \\ 1 & -1 \end{pmatrix} = \frac{1}{2} \begin{pmatrix} 1+3^n & 1-3^n \\ 1-3^n & 1+3^n \end{pmatrix}$$

$$= \begin{pmatrix} \frac{1+3^n}{2} & \frac{1-3^n}{2} \\ \frac{1-3^n}{2} & \frac{1+3^n}{2} \end{pmatrix}$$

となり、直交行列による対角化を用いて、n 乗を計算できました。

問題 6.3 2×2 実対称行列 $\begin{pmatrix} 2 & -2 \\ -2 & 5 \end{pmatrix}$ の直交行列による対角化を行い、A^n を求めてください。

6.5 射影行列

実対称行列 A が $A^2 = A$ をみたすとき、**射影行列**といいます。

射影行列の性質 (1)

$n \times n$ 実行列 A が射影行列であるための必要十分条件は、正規直交基底 $\boldsymbol{c}_1, \boldsymbol{c}_2, \cdots, \boldsymbol{c}_n$ で、すべての $i = 1, 2, \cdots, n$ について、$A\boldsymbol{c}_i = \boldsymbol{c}_i$ 、または、$A\boldsymbol{c}_i = \boldsymbol{0}$ となるものが存在することである。

証明 わかりやすさのために、$n = 3$ とします。A は射影行列とすると、A は実対称行列ですから、

$$A\begin{pmatrix} \boldsymbol{c}_1 & \boldsymbol{c}_2 & \boldsymbol{c}_3 \end{pmatrix} = \begin{pmatrix} \boldsymbol{c}_1 & \boldsymbol{c}_2 & \boldsymbol{c}_3 \end{pmatrix}\begin{pmatrix} \lambda_1 & 0 & 0 \\ 0 & \lambda_2 & 0 \\ 0 & 0 & \lambda_3 \end{pmatrix}$$

をみたす正規直交基底 $\boldsymbol{c}_1, \boldsymbol{c}_2, \boldsymbol{c}_3$ が存在します。$A^2 = A$ は、

$$\begin{pmatrix} \boldsymbol{c}_1 & \boldsymbol{c}_2 & \boldsymbol{c}_3 \end{pmatrix}\begin{pmatrix} \lambda_1^2 & 0 & 0 \\ 0 & \lambda_2^2 & 0 \\ 0 & 0 & \lambda_3^2 \end{pmatrix}\begin{pmatrix} \boldsymbol{c}_1 & \boldsymbol{c}_2 & \boldsymbol{c}_3 \end{pmatrix}^t$$

$$= \begin{pmatrix} \boldsymbol{c}_1 & \boldsymbol{c}_2 & \boldsymbol{c}_3 \end{pmatrix}\begin{pmatrix} \lambda_1 & 0 & 0 \\ 0 & \lambda_2 & 0 \\ 0 & 0 & \lambda_3 \end{pmatrix}\begin{pmatrix} \boldsymbol{c}_1 & \boldsymbol{c}_2 & \boldsymbol{c}_3 \end{pmatrix}^t$$

ですから、$\lambda_1^2 = \lambda_1,\ \lambda_2^2 = \lambda_2,\ \lambda_3^2 = \lambda_3$ となります。したがって、すべての $i = 1, 2, 3$ について、$\lambda_i = 1$、または、$\lambda_i = 0$ になりますので、$A\boldsymbol{c}_i = \boldsymbol{c}_i$、または、$A\boldsymbol{c}_i = \boldsymbol{0}$ となります。逆に、すべての $i = 1, 2, 3$ について、$A\boldsymbol{c}_i = \boldsymbol{c}_i$、または、$A\boldsymbol{c}_i = \boldsymbol{0}$ となるような、正規直交基底 $\boldsymbol{c}_1, \boldsymbol{c}_2, \boldsymbol{c}_3$ が存在するならば、A は対称行列であり、$A^2 = A$ をみたします。 ■

射影行列の性質 (2)

$n \times n$ 射影行列 A に対して、次をみたす 2 つの張られるベクトル空間 U, V が存在する。

(1) すべての n 次元数ベクトル $\boldsymbol{x}$ について、$\boldsymbol{x} = \boldsymbol{y} + \boldsymbol{z}$ をみたす U に属するベクトル $\boldsymbol{y}$ と、V に属するベクトル $\boldsymbol{z}$ が存在する。

(2) U に属するベクトル $\boldsymbol{y}$ と V に属するベクトル $\boldsymbol{z}$ について、$(\boldsymbol{y}, \boldsymbol{z}) = 0$ がなりたつ。

(3) U に属するベクトル $\boldsymbol{y}$ について、$A\boldsymbol{y} = \boldsymbol{y}$ がなりたつ。

(4) V に属するベクトル $\boldsymbol{z}$ について、$A\boldsymbol{z} = \boldsymbol{0}$ がなりたつ。

証明 ベクトルの順番を変えて、$A\boldsymbol{c}_i = \boldsymbol{c}_i\ (i = 1, 2, \cdots, h),\ A\boldsymbol{c}_i = \boldsymbol{0}\ (i = h+1, h+2, \cdots, n)$ とし、$U = \mathrm{L}(\boldsymbol{c}_1, \boldsymbol{c}_2, \cdots, \boldsymbol{c}_h),\ V = \mathrm{L}(\boldsymbol{c}_{h+1}, \boldsymbol{c}_{h+2}, \cdots, \boldsymbol{c}_n)$ と

します。$\boldsymbol{x} = x_1\boldsymbol{c}_1 + x_2\boldsymbol{c}_2 + \cdots + x_h\boldsymbol{c}_h + x_{h+1}\boldsymbol{c}_{h+1} + x_{h+2}\boldsymbol{c}_{h+2} + \cdots + x_n\boldsymbol{c}_n$ のとき、$\boldsymbol{y} = x_1\boldsymbol{c}_1 + x_2\boldsymbol{c}_2 + \cdots + x_h\boldsymbol{c}_h$, $\boldsymbol{z} = x_{h+1}\boldsymbol{c}_{h+1} + x_{h+2}\boldsymbol{c}_{h+2} + \cdots + x_n\boldsymbol{c}_n$ と置くと、上の (1), (2), (3), (4) をみたします。 ■

実対称行列は数学のさまざまなところに現れるだけでなく、統計学においても分散共分散行列と相関係数行列はともに実対称行列ですので、それらを利用した主因子分析などの理論と応用があります。なお、これまで見てきたように、それぞれの正方行列がもっている情報は、その固有値や固有ベクトルに反映していると言うことができます。

●章末問題

章末問題 6.1　$n \times n$ 行列 A の固有多項式が $|A - \lambda E| = (\lambda_1 - \lambda)(\lambda_2 - \lambda) \cdots (\lambda_n - \lambda)$ と n 個の固有値で表されるとき、$|A| = \lambda_1 \lambda_2 \cdots \lambda_n$ がなりつことを示してください。

章末問題 6.2　$n \times n$ 実対称行列 A は、零ベクトルと異なるすべての n 次元数ベクトル $\boldsymbol{x}$ について、$\boldsymbol{x}^t A \boldsymbol{x} > 0$ をみたすとき**正定値**であるといいます。A が正定値であるための必要十分条件は、A のすべての固有値 $\lambda_1, \lambda_2, \cdots, \lambda_n$ が正であることを示してください。

章末問題 6.3　3×3 実対称行列 $\begin{pmatrix} a_{11} & a_{12} & a_{13} \\ a_{21} & a_{22} & a_{23} \\ a_{31} & a_{32} & a_{33} \end{pmatrix}$ について、次の (1), (2) がなりたつことを示してください。

(1) この行列が正定値ならば、$a_{11} > 0,\ \begin{vmatrix} a_{11} & a_{12} \\ a_{21} & a_{22} \end{vmatrix} > 0,\ \begin{vmatrix} a_{11} & a_{12} & a_{13} \\ a_{21} & a_{22} & a_{23} \\ a_{31} & a_{32} & a_{33} \end{vmatrix} > 0$ がなりたつ。

(2) $a_{11} > 0,\ \begin{vmatrix} a_{11} & a_{12} \\ a_{21} & a_{22} \end{vmatrix} > 0,\ \begin{vmatrix} a_{11} & a_{12} & a_{13} \\ a_{21} & a_{22} & a_{23} \\ a_{31} & a_{32} & a_{33} \end{vmatrix} > 0$ がなりたつならば、この行列は正定値である。

第7章

LINEAR Matrix Determinant Vector ALGEBRA

線形写像

7.1 部分ベクトル空間

n 次元数ベクトルの集合 V が V に属する 2 つのベクトル $\boldsymbol{x}, \boldsymbol{y}$ と 2 つの実数 c, d について $c\boldsymbol{x}+d\boldsymbol{y}$ が V に属するという性質をみたすとき、V は R^n の**部分ベクトル空間**であるといいます。

部分ベクトル空間の性質 (1)

> k 個の n 次元数ベクトル $\boldsymbol{a}_1, \boldsymbol{a}_2, \cdots, \boldsymbol{a}_k$ が張るベクトル空間 $\mathrm{L}(\boldsymbol{a}_1, \boldsymbol{a}_2, \cdots, \boldsymbol{a}_k)$ は部分ベクトル空間である。

証明　$\boldsymbol{x}, \boldsymbol{y}$ を $\mathrm{L}(\boldsymbol{a}_1, \boldsymbol{a}_2, \cdots, \boldsymbol{a}_k)$ に属するベクトルとすると、$\boldsymbol{x} = x_1\boldsymbol{a}_1 + x_2\boldsymbol{a}_2 + \cdots + x_k\boldsymbol{a}_k$, $\boldsymbol{y} = y_1\boldsymbol{a}_1 + y_2\boldsymbol{a}_2 + \cdots + y_k\boldsymbol{a}_k$ と表せます。$c, d \in \mathrm{R}$ とするとき、$c\boldsymbol{x} + d\boldsymbol{y} = (cx_1 + dy_1)\boldsymbol{a}_1 + (cx_2 + dy_2)\boldsymbol{a}_2 + \cdots + (cx_k + dy_k)\boldsymbol{a}_k$ と表せますから、$c\boldsymbol{x}+d\boldsymbol{y}$ は $\mathrm{L}(\boldsymbol{a}_1, \boldsymbol{a}_2, \cdots, \boldsymbol{a}_k)$ に属するベクトルになります。■

部分ベクトル空間の性質 (2)

> R^n の部分ベクトル空間 V が零ベクトル $\mathbf{0}$ 以外のベクトルが属するならば、V は張るベクトル空間である。

証明　次の 2 つのことを用います。

(1)　$\boldsymbol{a}_1, \boldsymbol{a}_2, \cdots, \boldsymbol{a}_k$ が V に属するならば、$\mathrm{L}(\boldsymbol{a}_1, \boldsymbol{a}_2, \cdots, \boldsymbol{a}_k)$ に属するベクトルは V に属します。

(2)　$\boldsymbol{a}_1, \boldsymbol{a}_2, \cdots, \boldsymbol{a}_{k-1}$ が線形独立で、$\boldsymbol{a}_k$ が $\mathrm{L}(\boldsymbol{a}_1, \boldsymbol{a}_2, \cdots, \boldsymbol{a}_{k-1})$ に属さないならば、$\boldsymbol{a}_1, \boldsymbol{a}_2, \cdots, \boldsymbol{a}_{k-1}, \boldsymbol{a}_k$ は線形独立です。

$\boldsymbol{a}_1 \in V,\ \boldsymbol{a}_1 \neq \boldsymbol{0}$ とします。$\boldsymbol{a}_1$ は線形独立です。$\mathrm{L}(\boldsymbol{a}_1) \neq V$ ならば、$\boldsymbol{a}_2 \in V,\ \boldsymbol{a}_2 \notin \mathrm{L}(\boldsymbol{a}_1)$ とします。$\boldsymbol{a}_1, \boldsymbol{a}_2$ は線形独立です。$\mathrm{L}(\boldsymbol{a}_1, \boldsymbol{a}_2) \neq V$ ならば、$\boldsymbol{a}_3 \in V,\ \boldsymbol{a}_3 \notin \mathrm{L}(\boldsymbol{a}_1, \boldsymbol{a}_2)$ とます。$\boldsymbol{a}_1, \boldsymbol{a}_2, \boldsymbol{a}_3$ は線形独立です。このように続けていくと、R^n には $n+1$ 個以上の線形独立なベクトルは存在しませんから、$\mathrm{L}(\boldsymbol{a}_1, \boldsymbol{a}_2, \cdots, \boldsymbol{a}_k) = V$ をみたす $k \leqq n$ が存在します。つまり、V は張るベクトル空間です。■

部分ベクトル空間 V に属するベクトルで互いに線形独立になる最大個数を V の**次元**といい、記号 $\dim(V)$ で表します。dim は dimension の略です。$\dim(V) = h$ のとき、$V = \mathrm{L}(\boldsymbol{a}_1, \boldsymbol{a}_2, \cdots, \boldsymbol{a}_h)$ をみたす互いに線形独立な h 個のベクトル $\boldsymbol{a}_1, \boldsymbol{a}_2, \cdots, \boldsymbol{a}_h$ が存在します。これを V の**基底**といいます。基底の取り方はいろいろあります。

7.2　線形写像

$m \times n$ 実行列 $A = \begin{pmatrix} a_{11} & a_{12} & \cdots & a_{1n} \\ a_{21} & a_{22} & \cdots & a_{2n} \\ \vdots & \vdots & \ddots & \vdots \\ a_{m1} & a_{m2} & \cdots & a_{mn} \end{pmatrix}$ と n 次元数ベクトル $\boldsymbol{x} = \begin{pmatrix} x_1 \\ x_2 \\ \vdots \\ x_n \end{pmatrix}$ に対して、

$$T\boldsymbol{x} = \begin{pmatrix} a_{11} & a_{12} & \cdots & a_{1n} \\ a_{21} & a_{22} & \cdots & a_{2n} \\ \vdots & \vdots & \ddots & \vdots \\ a_{m1} & a_{m2} & \cdots & a_{mn} \end{pmatrix} \begin{pmatrix} x_1 \\ x_2 \\ \vdots \\ x_n \end{pmatrix}$$

と置くと、$T\boldsymbol{x}$ は m 次元数ベクトルであり、性質

$$\boldsymbol{x}, \boldsymbol{y} \in \mathrm{R}^n,\ c, d \in \mathrm{R} \text{ に対して、} T(c\boldsymbol{x} + d\boldsymbol{y}) = cT\boldsymbol{x} + dT\boldsymbol{y}$$

をみたします。このことから、T を $m \times n$ 実行列 A が定める R^n から R^m への**線形写像**といいます。

$m \times n$ 実行列 A が定める R^n から R^m への線形写像 T について、n 次元数ベクトルの集合 $\{T\boldsymbol{x} \mid \boldsymbol{x} \in \mathrm{R}^n\}$ を T の**像**といい、記号 $Im(T)$ で表します。また、m 次元数ベクトルの集合 $\{\boldsymbol{x} \mid T\boldsymbol{x} = \boldsymbol{0}\}$ を T の**核**といい、記号 $Ker(T)$ で表します。

線形写像の像

線形写像 T の像 $Im(T)$ は部分ベクトル空間である。

証明

$$
\begin{aligned}
T\boldsymbol{x} &= \begin{pmatrix} a_{11} & a_{12} & \cdots & a_{1n} \\ a_{21} & a_{22} & \cdots & a_{2n} \\ \vdots & \vdots & \ddots & \vdots \\ a_{m1} & a_{m2} & \cdots & a_{mn} \end{pmatrix} \begin{pmatrix} x_1 \\ x_2 \\ \vdots \\ x_n \end{pmatrix} \\
&= \begin{pmatrix} a_{11}x_1 + a_{12}x_2 + \cdots + a_{1n}x_n \\ a_{21}x_1 + a_{22}x_2 + \cdots + a_{2n}x_2 \\ \vdots \\ a_{m1}x_1 + a_{m2}x_2 + \cdots + a_{mn}x_n \end{pmatrix} \\
&= x_1 \begin{pmatrix} a_{11} \\ a_{21} \\ \vdots \\ a_{m1} \end{pmatrix} + x_2 \begin{pmatrix} a_{12} \\ a_{22} \\ \vdots \\ a_{m2} \end{pmatrix} + \cdots + x_n \begin{pmatrix} a_{1n} \\ a_{2n} \\ \vdots \\ a_{mn} \end{pmatrix}
\end{aligned}
$$

がなりたちますから、

$$Im(T) = \mathrm{L}\left(\begin{pmatrix} a_{11} \\ a_{21} \\ \vdots \\ a_{m1} \end{pmatrix}, \begin{pmatrix} a_{12} \\ a_{22} \\ \vdots \\ a_{m2} \end{pmatrix}, \cdots, \begin{pmatrix} a_{1n} \\ a_{2n} \\ \vdots \\ a_{mn} \end{pmatrix}\right)$$

がなりたち、像は張られるベクトル空間ですから、部分ベクトル空間です。■

線形写像の核

線形写像 T の核 $Ker(T)$ は部分ベクトル空間である。

証明 $\boldsymbol{x}, \boldsymbol{y}$ を $Ker(T)$ に属する 2 つのベクトルとすると、$T\boldsymbol{x} = \boldsymbol{0},\ T\boldsymbol{y} = \boldsymbol{0}$ がなりたち、$c, d \in \mathrm{R}$ について、

$$T(c\boldsymbol{x} + d\boldsymbol{y}) = c\,T\boldsymbol{x} + d\,T\boldsymbol{y} = c \times \boldsymbol{0} + d \times \boldsymbol{0} = \boldsymbol{0}$$

がなりたちます。したがって、$c\boldsymbol{x} + d\boldsymbol{y}$ は $Ker(T)$ に属するベクトルだからです。■

次元定理

R^n から R^m への線形写像 T について、次がなりたつ。

$$\dim(Im(T)) + \dim(Ker(T)) = n$$

証明 $\dim(Ker(T)) = k$ として、$\boldsymbol{b}_1, \boldsymbol{b}_2, \cdots, \boldsymbol{b}_k$ を $Ker(T)$ の基底とします。$\boldsymbol{b}_1, \boldsymbol{b}_2, \cdots, \boldsymbol{b}_k, \boldsymbol{b}_{k+1}, \boldsymbol{b}_{k+2}, \cdots, \boldsymbol{b}_n$ が R^n の基底になるようにさらに、$n-k$ 個の n 次元数ベクトルを加えることができます。$Im(T)$ に属するベクトルは $T\boldsymbol{x},\ \boldsymbol{x} \in R^n$ と表せますから、

$$\boldsymbol{x} = x_1\boldsymbol{b}_1 + x_2\boldsymbol{b}_2 + \cdots + x_k\boldsymbol{b}_k + x_{k+1}\boldsymbol{b}_{k+1} + x_{k+2}\boldsymbol{b}_{k+2} + \cdots + x_n\boldsymbol{b}_n$$

と表しますと、

$$T\boldsymbol{x} = x_1T\boldsymbol{b}_1 + x_2T\boldsymbol{b}_2 + \cdots$$

$$
\begin{aligned}
&+ x_k T\boldsymbol{b}_k + x_{k+1} T\boldsymbol{b}_{k+1} + x_{k+2} T\boldsymbol{b}_{k+2} + \cdots + x_n T\boldsymbol{b}_n \\
&= \mathbf{0} + \mathbf{0} + \cdots \mathbf{0} + x_{k+1} T\boldsymbol{b}_{k+1} + x_{k+2} T\boldsymbol{b}_{k+2} + \cdots + x_n T\boldsymbol{b}_n \\
&= x_{k+1} T\boldsymbol{b}_{k+1} + x_{k+2} T\boldsymbol{b}_{k+2} + \cdots + x_n T\boldsymbol{b}_n
\end{aligned}
$$

となりますので、

$$
Im(T) = \mathrm{L}(T\boldsymbol{b}_{k+1}, T\boldsymbol{b}_{k+2}, \cdots, T\boldsymbol{b}_n)
$$

がなりたちます。$T\boldsymbol{b}_{k+1}, T\boldsymbol{b}_{k+2}, \cdots, T\boldsymbol{b}_n$ が互いに線形独立であることを確かめるために、ベクトルについての方程式

$$
x_{k+1} T\boldsymbol{b}_{k+1} + x_{k+2} T\boldsymbol{b}_{k+2} + \cdots + x_n T\boldsymbol{b}_n = \mathbf{0}
$$

を考えます。$T(x_{k+1}\boldsymbol{b}_{k+1} + x_{k+2}\boldsymbol{b}_{k+2} + \cdots + x_n\boldsymbol{b}_n) = \mathbf{0}$ だから、$x_{k+1}\boldsymbol{b}_{k+1} + x_{k+2}\boldsymbol{b}_{k+2} + \cdots + x_n\boldsymbol{b}_n$ は $Ker(T)$ に属するベクトルとなり、

$$
x_{k+1}\boldsymbol{b}_{k+1} + x_{k+2}\boldsymbol{b}_{k+2} + \cdots + x_n\boldsymbol{b}_n = x_1\boldsymbol{b}_1 + x_2\boldsymbol{b}_2 + \cdots + x_k\boldsymbol{b}_k
$$

と表せます。

$$
-x_1\boldsymbol{b}_1 - x_2\boldsymbol{b}_2 + \cdots - x_k\boldsymbol{b}_k + x_{k+1}\boldsymbol{b}_{k+1} + x_{k+2}\boldsymbol{b}_{k+2} + \cdots + x_n\boldsymbol{b}_n = \mathbf{0}
$$

となり、$\boldsymbol{b}_1, \boldsymbol{b}_2, \cdots, \boldsymbol{b}_k, \boldsymbol{b}_{k+1}, \boldsymbol{b}_{k+2}, \cdots, \boldsymbol{b}_n$ は互いに線形独立ですから、

$$
-x_1 = -x_2 = \cdots = -x_k = x_{k+1} = x_{k+2} = \cdots = x_n = 0
$$

となり、$T\boldsymbol{b}_{k+1}, T\boldsymbol{b}_{k+2}, \cdots, T\boldsymbol{b}_n$ は互いに線形独立です。したがって、$Im(T)$ の次元は $n-k$ となり、$\dim(Im(T)) + \dim(Ker(T)) = k + (n-k) = n$ がなりたちます。 ■

7.3　連立 1 次方程式と線形写像

連立 1 次方程式

$$\begin{cases} 2x_1 + 3x_2 - 2x_3 + x_4 = 1 \\ 3x_1 - x_2 + 3x_3 - 2x_4 = -1 \\ x_1 + 2x_2 + x_3 - 3x_4 = 2 \end{cases}$$

は、ベクトルについての方程式

$$x_1 \begin{pmatrix} 2 \\ 3 \\ 1 \end{pmatrix} + x_2 \begin{pmatrix} 3 \\ -1 \\ 2 \end{pmatrix} + x_3 \begin{pmatrix} -2 \\ 3 \\ 1 \end{pmatrix} + x_4 \begin{pmatrix} 1 \\ -2 \\ -3 \end{pmatrix} = \begin{pmatrix} 1 \\ -1 \\ 2 \end{pmatrix}$$

と表せます。また、3×4 行列についての方程式

$$\begin{pmatrix} 2 & 3 & -2 & 1 \\ 3 & -1 & 3 & -2 \\ 1 & 2 & 1 & -3 \end{pmatrix} \begin{pmatrix} x_1 \\ x_2 \\ x_3 \\ x_4 \end{pmatrix} = \begin{pmatrix} 1 \\ -1 \\ 2 \end{pmatrix}$$

と表せます。さらに、行列 $\begin{pmatrix} 2 & 3 & -2 & 1 \\ 3 & -1 & 3 & -2 \\ 1 & 2 & 1 & -3 \end{pmatrix}$ から定まる R^4 から R^3 への線形写像 T についての方程式

$$T\boldsymbol{x} = \begin{pmatrix} 1 \\ -1 \\ 2 \end{pmatrix}$$

とも表せます。

このように、連立 1 次方程式は、行列を用いて 1 つの等式で表すことができ、さらに、線形写像の考えを用いて簡潔に表すことができます。簡潔に書き表すことは考える上での利点があります。

線形写像についての方程式

R^n から R^m への線形写像 T についての方程式 $T\boldsymbol{x} = \boldsymbol{b}$ に解があるとき、その解の 1 つを $\boldsymbol{x} = \boldsymbol{\xi}$ とすると、解の全体の集合は $\boldsymbol{\xi} + Ker(T)$ である。したがって、$Ker(T) = \{\,\boldsymbol{0}\,\}$ のときは解がただひとつであり、$Ker(T)$ が 1 次元以上のときは解がたくさんある。

証明　$\boldsymbol{x}$ を解とすると、$T(\boldsymbol{x} - \boldsymbol{\xi}) = T\boldsymbol{x} - T\boldsymbol{\xi} = \boldsymbol{b} - \boldsymbol{b} = \boldsymbol{0}$ となり、$\boldsymbol{x} - \boldsymbol{\xi}$ は核 $Ker(T)$ に属します。したがって、$\boldsymbol{x} = \boldsymbol{\xi} + (\boldsymbol{x} - \boldsymbol{\xi})$ は $\boldsymbol{\xi} + Ker(T)$ に属します。逆に、$\boldsymbol{x}$ を $\boldsymbol{\xi} + Ker(T)$ に属するベクトルとすると、$Ker(T)$ に属するベクトル $\boldsymbol{z}$ でもって $\boldsymbol{x} = \boldsymbol{\xi} + \boldsymbol{z}$ と表せますので、$T\boldsymbol{x} = T(\boldsymbol{\xi} + \boldsymbol{z}) = T(\boldsymbol{\xi}) + T\boldsymbol{z} = \boldsymbol{b} + \boldsymbol{0} = \boldsymbol{b}$ となり、$\boldsymbol{x}$ は解です。つまり、解の全体の集合は $\boldsymbol{\xi} + Ker(T)$ に一致するということです。 ■

例　連立 1 次方程式 $\begin{cases} x + 2y - z = 0 \\ 2x + 3y - 2z = 1 \\ 3x + 5y - 3z = 1 \end{cases}$ を調べます。

まず、定数項を除いた係数行列のランクを調べます。

$$\begin{pmatrix} 1 & 2 & -1 \\ 2 & 3 & -2 \\ 3 & 5 & -3 \end{pmatrix}$$

$$\downarrow \begin{pmatrix} \text{第 1 行の 2 倍を第 2 行から引き、} \\ \text{第 1 行の 3 倍を第 3 行から引きます。} \end{pmatrix}$$

$$\begin{pmatrix} 1 & 2 & -1 \\ 0 & -1 & 0 \\ 0 & -1 & 0 \end{pmatrix}$$

$$\downarrow \begin{pmatrix} \text{第 2 行の 2 倍を第 1 行に加え、} \\ \text{第 2 行の 1 倍を第 3 行から引きます。} \end{pmatrix}$$

$$\begin{pmatrix} 1 & 0 & -1 \\ 0 & -1 & 0 \\ 0 & 0 & 0 \end{pmatrix} \qquad \text{(この行列のランクは 2 です。)}$$

次に定数項を入れた係数行列のランクを調べます。

$$\begin{pmatrix} 1 & 2 & -1 & 0 \\ 2 & 3 & -2 & 1 \\ 3 & 5 & -3 & 1 \end{pmatrix}$$

$\downarrow$ (第 1 行の 2 倍を第 2 行から引き、第 1 行の 3 倍を第 3 行から引きます。)

$$\begin{pmatrix} 1 & 2 & -1 & 0 \\ 0 & -1 & 0 & 1 \\ 0 & -1 & 0 & 1 \end{pmatrix}$$

$\downarrow$ (第 2 行の 2 倍を第 1 行に加え、第 2 行の 1 倍を第 3 行から引きます。)

$$\begin{pmatrix} 1 & 0 & -1 & 2 \\ 0 & -1 & 0 & 1 \\ 0 & 0 & 0 & 0 \end{pmatrix}$$

(3 次の小行列式の値は 0、値が 0 でない 2 次の小行列式がある。この行列のランクは 2 です。)

2 つの行列のランクが一致しましたので、4.7 節の結論から、この連立 1 次方程式には解があります。この連立 1 次方程式は 3×3 行列 $\begin{pmatrix} 1 & 2 & -1 \\ 2 & 3 & -2 \\ 3 & 5 & -3 \end{pmatrix}$ から定まる R^3 から R^3 への線形写像を T とすると、この線形写像についての方程式 $T\boldsymbol{x} = \begin{pmatrix} 0 \\ 1 \\ 1 \end{pmatrix}$ と表せます。T の像は、$Im(T) = \mathrm{L}\left(\begin{pmatrix} 1 \\ 2 \\ 3 \end{pmatrix}, \begin{pmatrix} 2 \\ 3 \\ 5 \end{pmatrix}, \begin{pmatrix} -1 \\ -2 \\ -3 \end{pmatrix}\right)$ ですし、その次元は行列 $\begin{pmatrix} 1 & 2 & -1 \\ 2 & 3 & -2 \\ 3 & 5 & -3 \end{pmatrix}$ のランク 2 です。したがって、T の核の次元は次元定理より、$\dim(Ker(T)) = 3 - \dim(Im(T)) = 3 - 2 = 1$ となります。したがって、この連立 1 次方程式にはたくさんの解があります。

●章末問題

章末問題 7.1 U および V を R^n の部分ベクトル空間とするとき、次の (1), (2), (3) を示してください。

(1) U と V の両方に属するベクトルの全体 $U \cap V$ は部分ベクトル空間である。

(2) U に属するベクトルと V に属するベクトルの和で表せるベクトルの全体を記号

$$U + V = \{\boldsymbol{x} + \boldsymbol{y} \mid \boldsymbol{x} \in U,\ \boldsymbol{y} \in V\}$$

で表すとき、$U + V$ は部分ベクトル空間である。

(3) $\dim(U \cap V) + \dim(U + V) = \dim(U) + \dim(V)$ がなりたつ。

章末問題 7.2 T を R^n から R^m への線形写像とし、V を R^m の部分ベクトル空間とするとき、次の (1), (2) を示してください。

(1) $T\boldsymbol{x} \in V$ をみたすベクトル全体の集合 $T^{-1}V = \{\boldsymbol{x} \mid T\boldsymbol{x} \in V\}$ は R^n の部分ベクトル空間である。

(2) $Ker(T) = \{\mathbf{0}\}$ のときは、$\dim(T^{-1}V) = \dim(V)$ である。

第8章

LINEAR Matrix Determinant Vector ALGEBRA

複素行列

8.1　複素数と共役複素数

最後に、複素数を成分とする行列について簡単に触れておきます。

虚数記号 i を用いて、例えば、$3-2i$ という形で表される数を**複素数**といいます。一般に複素数は 2 つの実数 x, y を用いて

$$z = x + yi$$

で表され、x を複素数 z の**実部**、yi を複素数 z の**虚部**といいます。$x+yi$ を $x+iy$ と書くこともあります。

複素数の加え算と引き算は、例えば、

$$(3+2i)+(2-3i)=5-i, \qquad (3+2i)-(2-3i)=1+5i$$

のように実部と虚部をそれぞれ加えた複素数、および、実部と虚部をそれぞれ引いた複素数です。複素数のかけ算は文字式としてかけたものに $i^2=-1$ と置いた複素数です。例えば、

$$(3+2i)(2-3i)=6-9i+4i-6i^2=6-5i-6\times(-1)=12-5i$$

となります。複素数の割り算は、例えば、

$$\frac{3+2i}{2-3i}=\frac{(3+2i)(2+3i)}{(2-3i)(2+3i)}=\frac{6+13i+6i^2}{4-9i^2}=\frac{13i}{4+9}=i$$

のように計算します。

複素数の計算規則は実数の計算規則と同じですので、式の計算は複素数が混じった場合も同じです。虚数という用語があるために、複素数は現実世界にはありえない数という印象を持ちがちですが、複素数まで含めて考えることにより、見通しが良く深い議論ができますし、数学以外にもいろいろと利用できますので、複素数も現実の世界の数だと考えるのがよいでしょう。

複素数 $z = x + yi$ の虚部の符号を変えた複素数 $x - yi$ を記号 $\overline{z}$ で表し、z の**共役複素数**といいます。例えば、$3 + 2i$ の共役複素数は $3 - 2i$ ですから、$\overline{3 + 2i} = 3 - 2i$ となります。

複素数 $z = x + yi$ に対して、$\sqrt{x^2 + y^2}$ を記号 $|z|$ で表し、z の**絶対値**といいます。例えば、$|3 + 2i| = \sqrt{3^2 + 2^2} = \sqrt{13}$ となります。

複素数 $z = x + iy$ に対して

$$z\overline{z} = (x + yi)(x - yi) = x^2 + y^2 = |z|^2$$

がなりたちます。

2 つの複素数 z_1, z_2 に対して、$\overline{z_1 z_2} = \overline{z_1}\ \overline{z_2}$ がなりたちます。したがって、

$$|z_1 z_2| = \sqrt{z_1 z_2 \overline{z_1}\ \overline{z_2}} = \sqrt{z_1 \overline{z_1} z_2 \overline{z_2}} = |z_1||z_2|$$

がなりたちます。

座標平面は、その上の点 (x, y) を複素数 $z = x + yi$ と対応させて考えるとき、**複素平面**といいます (次ページ図 8.1)。複素平面においては横軸を**実軸**、縦軸を**虚軸**といいます。$z = x + yi$ に対して、その共役複素数 $\overline{z} = x - yi$ は実軸に対称な点です。また、複素数 z の絶対値 $|z|$ は原点から z までの距離になります。

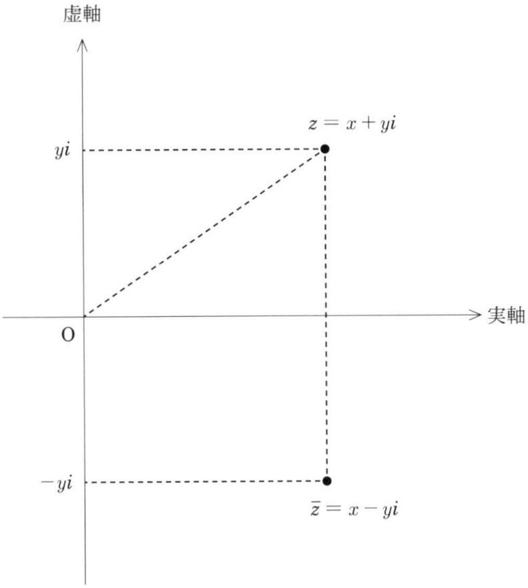

図 8.1　複素平面

8.2 複素行列と複素ベクトル

複素数を成分とする行列を**複素行列**といいいます。複素行列 A の各成分を共役複素数に取り替え、それを転置した行列を記号 A^* で表し、A の**共役転置行列**といいます。

$$A = \begin{pmatrix} a_{11} & a_{12} & \cdots & a_{1n} \\ a_{21} & a_{22} & \cdots & a_{2n} \\ \vdots & \vdots & \ddots & \vdots \\ a_{m1} & a_{m2} & \cdots & a_{mn} \end{pmatrix} \text{ のとき、} A^* = \begin{pmatrix} \overline{a_{11}} & \overline{a_{21}} & \cdots & \overline{a_{m1}} \\ \overline{a_{12}} & \overline{a_{22}} & \cdots & \overline{a_{m2}} \\ \vdots & \vdots & \ddots & \vdots \\ \overline{a_{1n}} & \overline{a_{2n}} & \cdots & \overline{a_{mn}} \end{pmatrix}$$

となります。共役転置行列については、転置行列と同じように次がなりたちます。

共役転置行列の性質

複素行列の積の共役転置行列についてつぎがなりたつ。

$$(AB)^* = B^* A^*$$

$n \times 1$ 複素行列を n 次元**複素ベクトル**といいます。2 つの n 次元複素ベクトル $\boldsymbol{z} = \begin{pmatrix} z_1 \\ z_2 \\ \vdots \\ z_n \end{pmatrix}$, $\boldsymbol{w} = \begin{pmatrix} w_1 \\ w_2 \\ \vdots \\ w_n \end{pmatrix}$ に対して、複素数 $z_1\overline{w_1} + z_2\overline{w_2} + \cdots z_n\overline{w_n}$ を記号 $(\boldsymbol{z}, \boldsymbol{w})$ で表し、$\boldsymbol{z}$ と $\boldsymbol{w}$ の**複素内積**といいます。複素内積は、

$$(\boldsymbol{z}, \boldsymbol{w}) = z_1\overline{w_1} + z_2\overline{w_2} + \cdots z_n\overline{w_n}$$

$$= \begin{pmatrix} \overline{w_1} & \overline{w_2} & \cdots & \overline{w_n} \end{pmatrix} \begin{pmatrix} z_1 \\ z_2 \\ \vdots \\ z_n \end{pmatrix} = \boldsymbol{w}^* \boldsymbol{z}$$

とも表せます。また、複素数 c に対して、次の性質がなりたちます。

$$(c\boldsymbol{z}, \boldsymbol{w}) = c(\boldsymbol{z}, \boldsymbol{w}) = (\boldsymbol{z}, \bar{c}\boldsymbol{w})$$

さらに、複素行列と複素内積の間には次の関係がなりたちます。

複素内積の性質

$m \times n$ 複素行列 A と 2 つの n 次元複素ベクトル $\boldsymbol{z}, \boldsymbol{w}$ について、次がなりたつ。

$$(A\boldsymbol{z}, \boldsymbol{w}) = (\boldsymbol{z}, A^*\boldsymbol{w})$$

証明

$$(A\boldsymbol{z}, \boldsymbol{w}) = \boldsymbol{w}^* A\boldsymbol{z} = \boldsymbol{w}^*(A^*)^*\boldsymbol{z} = (A^*\boldsymbol{w})^*\boldsymbol{z} = (\boldsymbol{z}, A^*\boldsymbol{w}).$$

■

複素正方行列 A が $A^* = A$ をみたすとき、**エルミート行列**といいます。複素正方行列 C が $C^*C = E$ をみたすとき、**ユニタリー行列**といいます。エルミート行列が実行列のときは実対称行列であり、ユニタリー行列が実行列のときは直交行列であるということになります。

エルミート行列の性質

エルミート行列の固有値は実数である。

証明 なぜなら、
A をエルミート行列とし、$A\boldsymbol{z} = \lambda\boldsymbol{z},\ \boldsymbol{z} \neq \boldsymbol{0}$ とするとき、

$$\lambda(\boldsymbol{z}, \boldsymbol{z}) = (\lambda\boldsymbol{z}, \boldsymbol{z}) = (A\boldsymbol{z}, \boldsymbol{z}) = (\boldsymbol{z}, A^*\boldsymbol{z}) = (\boldsymbol{z}, \lambda\boldsymbol{z}) = \overline{\lambda}(\boldsymbol{z}, \boldsymbol{z})$$

であり、$(\boldsymbol{z}, \boldsymbol{z}) \neq 0$ ですから、$\lambda = \overline{\lambda}$ となり、λ は実数ということになります。

■

これは、実対称行列の固有値が実数であることの証明でもあります。実対称行列の場合と同様に次のこともなりたちます。

エルミート行列のユニタリー行列による対角化

エルミート行列はユニタリー行列により、実対角化できる。

演習問題解答

問題 1.1　(1)　$x=-3,\ y=1$　(2)　$x=-1,\ y=-1$

問題 1.2　(1)　$\begin{pmatrix} -1 & -2 \\ -3 & -5 \end{pmatrix}$　(2)　$x=-\dfrac{1}{2},\ y=1$　逆行列 $\begin{pmatrix} \dfrac{3}{2} & -1 \\ -1 & 1 \end{pmatrix}$

章末問題 1.1　$B=\begin{pmatrix} a & 0 \\ 0 & b \end{pmatrix}$

章末問題 1.2　$B=\begin{pmatrix} a & b \\ b & a \end{pmatrix}$

章末問題 1.3　$B=\begin{pmatrix} a & b \\ b & a \end{pmatrix}$

章末問題 1.4　$A=\begin{pmatrix} a & 0 \\ 0 & a \end{pmatrix}$

問題 2.1　-22

問題 2.2　(1)　10　(2)　-22

問題 2.3　$x=-\dfrac{1}{2},\ y=0,\quad z=1$

問題 2.4　逆行列は $\begin{pmatrix} \dfrac{-7}{5} & \dfrac{2}{5} & \dfrac{4}{5} \\ \dfrac{2}{5} & \dfrac{-2}{5} & \dfrac{1}{5} \\ \dfrac{4}{5} & \dfrac{1}{5} & \dfrac{-3}{5} \end{pmatrix}$、解は $x=2,\ y=-2,\ z=1$

章末問題 2.1　略

章末問題 2.2　$\begin{vmatrix} a & b \\ c & d \end{vmatrix}$ の値の絶対値

問題 3.1　-38

章末問題 3.1
偶置換 1234, 1342, 1423, 2143, 2314, 2431, 3124, 3241, 3412, 4132, 4213, 4321
奇置換 1243, 1324, 1432, 2134, 2341, 2413, 3142, 3214, 3421, 4123, 4231, 4312

章末問題 3.2　$C(t) = A - tE$ の t に A を代入すると零行列だから。

問題 4.1　(1) 表せない。　(2) 表せる。
問題 4.2　(1) 互いに線形独立　(2) 互いに線形従属
問題 4.3　3
問題 4.4　2
章末問題 4.1　$\begin{vmatrix} a_1 & b_1 \\ a_1 & b_1 \end{vmatrix} = \begin{vmatrix} a_2 & b_2 \\ a_1 & b_1 \end{vmatrix} = \begin{vmatrix} a_3 & b_3 \\ a_1 & b_1 \end{vmatrix} = 0$ だから。

章末問題 4.2　$\begin{pmatrix} a_1 \\ a_2 \\ 0 \end{pmatrix}, \begin{pmatrix} b_1 \\ b_2 \\ 0 \end{pmatrix}, \begin{pmatrix} c_1 \\ c_2 \\ 0 \end{pmatrix}$ は互いに線形従属だから。

問題 5.1　$x = -2,\ y = \dfrac{\pm 1}{\sqrt{5}},\ z = \dfrac{\pm 1}{\sqrt{5}}$
章末問題 5.1　$\|\boldsymbol{x} + \boldsymbol{y}\|^2 = (\boldsymbol{x} + \boldsymbol{y}, \boldsymbol{x} + \boldsymbol{y}) = \|\boldsymbol{x}\|^2 + \|\boldsymbol{y}\|^2 + 2(\boldsymbol{x}, \boldsymbol{y})$ より。
章末問題 5.2　章末問題 5.1 で用いた等式を利用する。
(注: この内積とノルムの関係から、2 つのベクトル $\boldsymbol{x}, \boldsymbol{y}$ が直交するのは、$\|\boldsymbol{x} + \boldsymbol{y}\| = \|\boldsymbol{x} - \boldsymbol{y}\|$ がなりたつときであることが導かれる。)
章末問題 5.3　$(AB)^t(AB) = B^tA^tAB = B^tB = E$

問題 6.1　(1) $0, \begin{pmatrix} 1 \\ 4 \end{pmatrix}, 5, \begin{pmatrix} 1 \\ -1 \end{pmatrix}$　(2) $2, \begin{pmatrix} 1 \\ 1 \end{pmatrix}$　(3) $\dfrac{3 \pm \sqrt{7}i}{2}$

問題 6.2　直交変換 $\begin{pmatrix} u \\ v \end{pmatrix} = \begin{pmatrix} \frac{1}{\sqrt{2}} & \frac{1}{\sqrt{2}} \\ \frac{1}{\sqrt{2}} & \frac{-1}{\sqrt{2}} \end{pmatrix} \begin{pmatrix} x \\ y \end{pmatrix}$ によって、$5x^2 - 4xy + 5y^2 = 3u^2 + 7v^2$

問題 6.3　$A=\begin{pmatrix}\dfrac{2}{\sqrt{5}} & \dfrac{1}{\sqrt{5}}\\ \dfrac{1}{\sqrt{5}} & \dfrac{-2}{\sqrt{5}}\end{pmatrix}\begin{pmatrix}1 & 0\\ 0 & 6\end{pmatrix}\begin{pmatrix}\dfrac{2}{\sqrt{5}} & \dfrac{1}{\sqrt{5}}\\ \dfrac{1}{\sqrt{5}} & \dfrac{-2}{\sqrt{5}}\end{pmatrix}$,

$$A^n=\begin{pmatrix}\dfrac{4+6^n}{5} & \dfrac{2-2\times 6^n}{5}\\ \dfrac{2-2\times 6^n}{5} & \dfrac{1+4\times 6^n}{5}\end{pmatrix}$$

章末問題 6.1　$\lambda=0$ と置く。

章末問題 6.2　$\boldsymbol{x}$ を変数ベクトルとみたとき、$\boldsymbol{x}^t A\boldsymbol{x}$ は実 2 次式であり、その標準形 $\lambda_1 u_1^2+\lambda_2 u_2^2+\cdots+\lambda_n u_n^2$ が零ベクトルでないベクトルで正の値をとるのは、すべての固有値が正のときである。

章末問題 6.3 (1) (a_{11}), $\begin{pmatrix}a_{11} & a_{12}\\ a_{21} & a_{22}\end{pmatrix}$, $\begin{pmatrix}a_{11} & a_{12} & a_{13}\\ a_{21} & a_{22} & a_{23}\\ a_{31} & a_{32} & a_{33}\end{pmatrix}$ はいずれも正定値だから、これらの固有値はすべて正、だから、章末問題 6.2 と章末問題 6.1 よりなりたつ。

(2) $\begin{vmatrix}a_{11} & a_{12}\\ a_{21} & a_{22}\end{vmatrix}=\lambda_1\lambda_2>0$。$\lambda_1<0,\ \lambda_2<0$ と仮定し、標準形を考えると、すべてのベクトル $\begin{pmatrix}x_1\\ x_2\end{pmatrix}$ について $\begin{pmatrix}x_1 & x_2\end{pmatrix}\begin{pmatrix}a_{11} & a_{12}\\ a_{21} & a_{22}\end{pmatrix}\begin{pmatrix}x_1\\ x_2\end{pmatrix}\leqq 0$ となるが、$x_1\neq 0$ のとき、$\begin{pmatrix}x_1 & 0\end{pmatrix}\begin{pmatrix}a_{11} & a_{12}\\ a_{21} & a_{22}\end{pmatrix}\begin{pmatrix}x_1\\ 0\end{pmatrix}=x_1a_{11}x_1>0$ となり、矛盾。ゆえに、$\lambda_1>0,\lambda_2>0$ となり、$\begin{pmatrix}a_{11} & a_{12}\\ a_{21} & a_{22}\end{pmatrix}$ は正定値となる $(n=2$ のとき)。$\begin{vmatrix}a_{11} & a_{12} & a_{13}\\ a_{21} & a_{22} & a_{23}\\ a_{31} & a_{32} & a_{33}\end{vmatrix}=\lambda_1'\lambda_2'\lambda_3'>0$。負の固有値が 2 つ以上あると仮定し、例えば、$\lambda_2'<0,\ \lambda_3'<0$ とする。2 次式の標準形を与える直交行列を C とすると、$\begin{pmatrix}1\\0\\0\end{pmatrix}$, $\begin{pmatrix}0\\1\\0\end{pmatrix}$, $C^{-1}\begin{pmatrix}0\\1\\0\end{pmatrix}$, $C^{-1}\begin{pmatrix}0\\0\\1\end{pmatrix}$

は線形従属だから、$\begin{pmatrix} x_1 \\ x_2 \\ 0 \end{pmatrix} = -C^{-1}\begin{pmatrix} 0 \\ u_2 \\ u_3 \end{pmatrix}$ をみたす零ベクトルでないベクトルがあることになるが、2 次式の値が $n=2$ のときの結論より左辺では正、右辺では負または 0 となり矛盾。ゆえにすべての固有値は正となり、正定値である。

章末問題 7.1　(1), (2) 略
(3)　$\dim(U \cap V) = r, \dim(U) = p, \dim(V) = q$ とし、$\boldsymbol{c}_1, \boldsymbol{c}_2, \cdots, \boldsymbol{c}_r$ を $U \cap V$ の基底、$\boldsymbol{c}_1, \boldsymbol{c}_2, \cdots, \boldsymbol{c}_r, \boldsymbol{a}_1, \boldsymbol{a}_2, \cdots, \boldsymbol{a}_{p-r}$ を U の基底、$\boldsymbol{c}_1, \boldsymbol{c}_2, \cdots, \boldsymbol{c}_r, \boldsymbol{b}_1, \boldsymbol{b}_2, \cdots, \boldsymbol{b}_{q-r}$ を V の基底とするとき、これらを合わせたものが $U+V$ の基底になることを示す。

$$x_{r+1}\boldsymbol{a}_1 + x_{r+2}\boldsymbol{a}_2 + \cdots + x_p\boldsymbol{a}_{p-r} = -x_1\boldsymbol{c}_1 + x_2\boldsymbol{c}_2 + \cdots - x_r\boldsymbol{c}_r$$
$$-x_{p+1}\boldsymbol{b}_1 - x_{p+2}\boldsymbol{b}_2 - \cdots - x_{p+q}\boldsymbol{b}_{q-r} = y_1\boldsymbol{c}_1 + y_2\boldsymbol{c}_2 + \cdots + y_r\boldsymbol{c}_r$$

章末問題 7.2　(1) $\boldsymbol{x}_1, \boldsymbol{x}_2 \in T^{-1}V$ とすると、$T\boldsymbol{x}_1, T\boldsymbol{x}_2 \in V$。$T(c_1\boldsymbol{x}_1 + c_2\boldsymbol{x}_2) = c_1T\boldsymbol{x}_1 + c_2T\boldsymbol{x}_2 \in V$、ゆえに、$c_1\boldsymbol{x}_1 + c_2\boldsymbol{x}_2 \in T^{-1}V$。
(2) $\boldsymbol{b}_1, \cdots, \boldsymbol{b}_r$ を V の基底とするとき、$T\boldsymbol{a}_1 = \boldsymbol{b}_1, \cdots, T\boldsymbol{a}_r = \boldsymbol{b}_r$ をみたす $\boldsymbol{a}_1, \cdots, \boldsymbol{a}_r \in T^{-1}V$ がある。これらが $T^{-1}V$ の基底になることを示せばよい。$\boldsymbol{x} \in T^{-1}V$ とすると、$T\boldsymbol{x} = c_1\boldsymbol{b}_1 + \cdots + c_r\boldsymbol{b}_r = c_1T\boldsymbol{a}_1 + \cdots + c_rT\boldsymbol{a}_r$。$Ker(T) = \{\boldsymbol{0}\}$ より、$\boldsymbol{x} = c_1\boldsymbol{a}_1 + \cdots + c_r\boldsymbol{a}_r$。$x_1\boldsymbol{a}_1 + \cdots + x_r\boldsymbol{a}_r = \boldsymbol{0}$ とする。$x_1\boldsymbol{b}_1 + \cdots + x_r\boldsymbol{b}_r = \boldsymbol{0}$ だから、$x_1 = \cdots = x_r = 0$。

索引

数字・アルファベット 行

あ 行

か 行

さ 行

押川元重
おしかわ・もとしげ
1939 年、宮崎県に生まれる。
1963 年、九州大学大学院理学研究科修士課程修了。
現在、九州大学名誉教授・理学博士 (九州大学)。
著書に、
『数理計画法入門』、『数学からはじめる電磁気学』(いずれも共著、培風館)、
『初学 微分積分』(共著、日本評論社)
などがある。

行列(ぎょうれつ)・行列式(ぎょうれつしき)・ベクトルがきちんと学(まな)べる 線形代数(せんけいだいすう)

2020 年 3 月 15 日 第 1 版第 1 刷発行

著者 —————— 押川元重

発行所 ————— 株式会社 日本評論社
〒 170-8474 東京都豊島区南大塚 3-12-4
電話 (03) 3987-8621 [販売]
(03) 3987-8599 [編集]

印刷 —————— 藤原印刷株式会社

製本 —————— 井上製本所

ブックデザイン —— 銀山宏子

ISBN 978-4-535-78919-7